College Mathematics Guidance Series
大学数学学习辅导丛书

概率论与数理统计
（第三版）
习题解答

周永春　王　勇　田波平　编

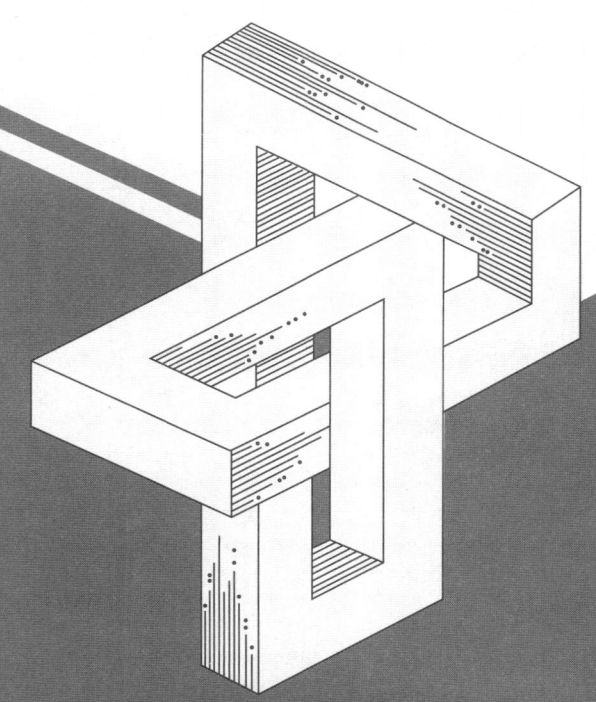

中国教育出版传媒集团
高等教育出版社·北京

内容提要

本书是哈尔滨工业大学数学学院周永春等编写的《概率论与数理统计》(第三版)的配套辅导书。本书对教材的全部习题给出了解答,少数为一题多解,部分习题作了解题思路分析和解答方法归纳,为读者厘清正确的解题思路,帮助读者加深理解和熟练掌握概率论与数理统计知识内容,提高分析及解决实际问题的能力。

本书可作为高等学校非数学类各专业学生学习概率论与数理统计课程的参考书,亦可供报考硕士研究生的读者及工程技术人员学习参考。

图书在版编目(CIP)数据

概率论与数理统计(第三版)习题解答 / 周永春,王勇,田波平编. -- 北京:高等教育出版社,2022.1
ISBN 978-7-04-057540-8

Ⅰ.①概… Ⅱ.①周… ②王… ③田… Ⅲ.①概率论-高等学校-题解②数理统计-高等学校-题解 Ⅳ.①O21-44

中国版本图书馆 CIP 数据核字(2021)第 275998 号

Gailülun yu Shuli Tongji (Di-san Ban) Xiti Jieda

策划编辑	张晓丽	责任编辑	贾翠萍	封面设计	张 志	版式设计	王艳红
插图绘制	黄云燕	责任校对	胡美萍	责任印制	刘思涵		

出版发行	高等教育出版社	网 址	http://www.hep.edu.cn
社 址	北京市西城区德外大街 4 号		http://www.hep.com.cn
邮政编码	100120	网上订购	http://www.hepmall.com.cn
印 刷	三河市华润印刷有限公司		http://www.hepmall.com
开 本	787mm×1092mm 1/16		http://www.hepmall.cn
印 张	9		
字 数	220 千字	版 次	2022 年 1 月第 1 版
购书热线	010-58581118	印 次	2022 年 1 月第 1 次印刷
咨询电话	400-810-0598	定 价	20.60 元

本书如有缺页、倒页、脱页等质量问题,请到所购图书销售部门联系调换
版权所有 侵权必究
物 料 号 57540-00

前　　言

概率论与数理统计是一门应用性很强的大学数学基础课程。为了帮助学生掌握其知识体系和解题技巧，提高应用能力，融学习指导与考研辅导为一体，编者编写了本书。

本书是编者所编写的《概率论与数理统计》（第三版）（高等教育出版社 2020 年出版）的习题解答。

本书按照主教材各章节顺序进行编排，少数习题为一题多解，有些题目分析了解题思路并归纳了解答方法。同时每章附有数字资源"典型习题讲解"，精讲大纲要求和基本内容，并分析、讲解部分典型习题，读者扫描相应二维码或登录配套数字课程平台即可获得。

读者可以通过本书的学习加深理解和熟练掌握概率论与数理统计的基本内容，提高分析及解决实际问题的能力，形成统计思维。增强对概率论与数理统计的兴趣，提升应用概率论与数理统计思想认知客观世界的能力。

本书可作为高等学校非数学类各专业学生学习概率论与数理统计课程的参考书，亦可供报考硕士研究生的读者及工程技术人员学习参考。

本书在编写过程中得到哈尔滨工业大学数学学院概率统计与运筹控制研究所全体老师的帮助与指导，高等教育出版社的诸位编辑在审阅过程中提出了许多宝贵意见，对此编者表示衷心的感谢。

由于编者水平有限，书中的疏漏和不妥之处在所难免，恳请广大读者批评指正，以期不断完善。

编　者

2021 年 5 月于哈尔滨工业大学

目　　录

第 1 章　随机事件与概率 ··· 1
　　习题 1 ·· 1
第 2 章　条件概率与独立性 ··· 9
　　习题 2 ·· 9
第 3 章　随机变量及其分布 ··· 19
　　习题 3 ·· 19
第 4 章　多维随机变量及其分布 ··· 34
　　习题 4 ·· 34
第 5 章　随机变量的数字特征与极限定理 ··· 57
　　习题 5 ·· 57
第 6 章　数理统计的基本概念 ··· 84
　　习题 6 ·· 84
第 7 章　参数估计 ··· 92
　　习题 7 ·· 92
第 8 章　假设检验 ··· 111
　　习题 8 ·· 111
*第 9 章　单因素试验的方差分析及一元正态回归分析 ··················· 119
　　习题 9 ·· 119

第1章　随机事件与概率

习　题　1

1. 写出下列随机试验的样本空间及下列事件中的样本点：

(1) 掷一颗骰子，记录出现的点数，A = "出现奇数点"；

(2) 将一颗骰子掷两次，记录出现的点数，A = "两次点数之和为 10"，B = "第一次的点数比第二次的点数大 2"；

(3) 一个口袋中有 5 只外形完全相同的球，编号分别为 1,2,3,4,5；从中同时取出 3 只球，观察其结果，A = "球的最小号码为 1"；

(4) 将 a,b 两个球随机地放到甲、乙、丙三个盒子中去，观察放球情况，A = "甲盒中至少有一球"；

(5) 记录在一段时间内通过某桥的汽车流量，A = "通过的汽车不足 5 辆"，B = "通过的汽车不少于 3 辆".

解　(1) $S = \{e_1, e_2, e_3, e_4, e_5, e_6\}$，其中 e_i = "出现 i 点"，$i = 1, 2, \cdots, 6$；
$$A = \{e_1, e_3, e_5\};$$

(2)
$$S = \{(1,1),(1,2),(1,3),(1,4),(1,5),(1,6),$$
$$(2,1),(2,2),(2,3),(2,4),(2,5),(2,6),$$
$$(3,1),(3,2),(3,3),(3,4),(3,5),(3,6),$$
$$(4,1),(4,2),(4,3),(4,4),(4,5),(4,6),$$
$$(5,1),(5,2),(5,3),(5,4),(5,5),(5,6),$$
$$(6,1),(6,2),(6,3),(6,4),(6,5),(6,6)\},$$
$$A = \{(4,6),(5,5),(6,4)\},$$
$$B = \{(3,1),(4,2),(5,3),(6,4)\};$$

(3) $S = \{(1,2,3),(2,3,4),(3,4,5),(1,3,4),(1,4,5),(1,2,4),(1,2,5),$
$(2,3,5),(2,4,5),(1,3,5)\}$，
$$A = \{(1,2,3),(1,2,4),(1,2,5),(1,3,4),(1,3,5),(1,4,5)\};$$

(4) $S = \{(ab,-,-),(-,ab,-),(-,-,ab),(a,b,-),(a,-,b),(b,a,-),$
$(b,-,a),(-,a,b),(-,b,a)\}$，其中"-"表示空盒；
$$A = \{(ab,-,-),(a,b,-),(a,-,b),(b,a,-),(b,-,a)\};$$

(5) $S = \{0,1,2,\cdots\}$，$A = \{0,1,2,3,4\}$，$B = \{3,4,\cdots\}$.

2. 设 A, B, C 是随机试验 E 的三个事件，试用 A, B, C 表示下列事件：

(1) 仅 A 发生；

(2) A,B,C 中至少有两个发生；

(3) A,B,C 中不多于两个发生；

(4) A,B,C 中恰有两个发生；

(5) A,B,C 中至多有一个发生.

解 (1) $A\bar{B}\bar{C}$；

(2) $AB \cup AC \cup BC$ 或 $ABC \cup AB\bar{C} \cup A\bar{B}C \cup \bar{A}BC$；

(3) $\bar{A} \cup \bar{B} \cup \bar{C}$ 或 $\bar{A}\bar{B}\bar{C} \cup \bar{A}\bar{B}C \cup \bar{A}B\bar{C} \cup A\bar{B}\bar{C} \cup \bar{A}BC \cup A\bar{B}C \cup AB\bar{C}$；

(4) $AB\bar{C} \cup A\bar{B}C \cup \bar{A}BC$；

(5) $\bar{A}\bar{B} \cup \bar{A}\bar{C} \cup \bar{B}\bar{C}$ 或 $\bar{A}\bar{B}\bar{C} \cup A\bar{B}\bar{C} \cup \bar{A}B\bar{C} \cup \bar{A}\bar{B}C$.

3. 一个工人生产了三件产品，以 $A_i(i=1,2,3)$ 表示第 i 件产品是正品，试用 A_i 表示下列事件：

(1) 没有一件产品是次品；

(2) 至少有一件产品是次品；

(3) 恰有一件产品是次品；

(4) 至少有两件产品不是次品.

解 (1) $A_1 A_2 A_3$；

(2) $\bar{A}_1 \cup \bar{A}_2 \cup \bar{A}_3$；

(3) $\bar{A}_1 A_2 A_3 \cup A_1 \bar{A}_2 A_3 \cup A_1 A_2 \bar{A}_3$；

(4) $A_1 A_2 \cup A_1 A_3 \cup A_2 A_3$.

4. 从一副扑克牌的 13 张梅花中，一张接一张地有放回地抽取三张，求：

(1) 没有同号的概率；

(2) 有同号的概率；

(3) 三张中至多有两张同号的概率.

解 (1) 设 $A=$"没有同号"，则

$$P(A) = \frac{13 \times 12 \times 11}{13^3} = \frac{132}{169};$$

(2) 设 $B=$"有同号"，则

$$P(B) = 1 - P(A) = \frac{37}{169};$$

(3) 设 $C=$"三张中至多有两张同号"，则

$$P(C) = 1 - \frac{13}{13^3} = \frac{168}{169}.$$

5. 设 11 片药片中有 5 片安慰剂，采用不放回抽样.

(1) 从中任意抽取 4 片，求其中至少有 2 片是安慰剂的概率；

(2) 从中每次抽取一片，求前 3 次都取到安慰剂的概率.

解 (1) 设 $A=$"从中任意抽取 4 片，其中至少有 2 片是安慰剂"，则

$$P(A) = 1 - \frac{C_6^4 + C_5^1 C_6^3}{C_{11}^4} = \frac{43}{66};$$

（2）设 $B=$ "前 3 次都取到安慰剂"，则

$$P(B) = \frac{5 \times 4 \times 3}{11 \times 10 \times 9} = \frac{2}{33}.$$

6. 袋中有编号为 1 到 10 的 10 个球，今从袋中任取 3 个球，求：
（1）3 个球的最小号码为 5 的概率；
（2）3 个球的最大号码为 5 的概率．

解 （1）设 $A=$ "3 个球的最小号码为 5"，则

$$P(A) = \frac{C_5^2}{C_{10}^3} = \frac{1}{12};$$

（2）设 $B=$ "3 个球的最大号码为 5"，则

$$P(B) = \frac{C_4^2}{C_{10}^3} = \frac{1}{20}.$$

7. （1）教室里有 r 个学生，求他们的生日都不相同的概率（设一年有 365 天，$r \leq 365$）；
（2）房间里有 4 个人，求至少有 2 个人的生日在同一个月的概率．

解 （1）设 $A=$ "他们的生日都不相同"，则

$$P(A) = \frac{A_{365}^r}{365^r};$$

（2）设 $B=$ "至少有 2 个人的生日在同一个月"，则

$$P(B) = \frac{C_4^2 C_{12}^1 A_{11}^2 + C_4^2 C_{12}^2 + C_4^3 A_{12}^2 + C_{12}^1}{12^4} = \frac{41}{96},$$

或

$$P(B) = 1 - P(\overline{B}) = 1 - \frac{A_{12}^4}{12^4} = \frac{41}{96}.$$

8. 设一个人的生日在星期几是等可能的，求 6 个人的生日都集中在一个星期中的某 2 天但不是都在同 1 天的概率．

解 设 $A=$ "生日集中在一星期中的某 2 天，但不在同 1 天"，则

$$P(A) = \frac{C_7^2 (2^6 - 2)}{7^6} = 0.01107.$$

9. 将 C，C，E，E，I，N，S 这 7 个字母随机地排成一行，那么恰好排成英文单词 SCIENCE 的概率是多少？

解 1 设 $A=$ "恰好排成 SCIENCE"．将 7 个字母排成一行的一种排法看作基本事件，所有的排法：
字母 C 在 7 个位置中占两个位置，共有 C_7^2 种占法，字母 E 在余下的 5 个位置中占两个位置，共有 C_5^2 种占法，字母 I，N，S 在剩下的 3 个位置上全排列的方法共 3! 种，故基本事件总数为 $C_7^2 \cdot C_5^2 \cdot 3! = 1\,260$，而 A 中的基本事件只有一个，故

$$P(A) = \frac{1}{C_7^2 \cdot C_5^2 \cdot 3!} = \frac{1}{1\,260}.$$

解 2 7 个字母中有两个 E，两个 C，把 7 个字母排成一行，为不尽相异元素的全排列. 一般地，设有 n 个元素，其中第一种元素有 n_1 个，第二种元素有 n_2 个……第 k 种元素有 n_k 个（$n_1+n_2+\cdots+n_k=n$），将这 n 个元素排成一排称为不尽相异元素的全排列. 不同的排列总数为

$$\frac{n!}{n_1!n_2!\cdots n_k!},$$

对于本题有

$$P(A)=\frac{1}{\frac{7!}{2!2!}}=\frac{4}{7!}=\frac{1}{1\,260}.$$

10. 从 $0,1,2,\cdots,9$ 这 10 个数字中任意选出三个不同数字，试求下列事件的概率：
$A_1=$ "三个数字中不含 0 和 5"，$A_2=$ "三个数字中不含 0 或 5"，$A_3=$ "三个数字中含 0，但不含 5".

解
$$P(A_1)=\frac{C_8^3}{C_{10}^3}=\frac{7}{15},$$

$$P(A_2)=\frac{C_9^3}{C_{10}^3}+\frac{C_9^3}{C_{10}^3}-\frac{C_8^3}{C_{10}^3}=\frac{14}{15},$$

或

$$P(A_2)=1-P(\overline{A_2})=1-\frac{C_8^1}{C_{10}^3}=\frac{14}{15},$$

$$P(A_3)=\frac{C_8^2}{C_{10}^3}=\frac{7}{30}.$$

11. 将 n 双大小各不相同的鞋子随机地分成 n 堆，每堆两只，求事件 $A=$ "每堆各成一双" 的概率.

解 n 双鞋子随机地分成 n 堆属分组问题，不同的分法共有 $\dfrac{(2n)!}{2!2!\cdots 2!}=\dfrac{(2n)!}{(2!)^n}$ 种，"每堆各成一双" 共有 $n!$ 种情况，故

$$P(A)=\frac{2^n n!}{(2n)!}.$$

12. 从五双不同的鞋子中任取 4 只，求此 4 只鞋子中至少有 2 只鞋子配成一双的概率.

解 设 $A=$ "此 4 只鞋子中至少有 2 只鞋子配成一双"，则

$$P(A)=1-\frac{C_5^4 2^4}{C_{10}^4}=\frac{13}{21}.$$

13. 三封信随机地投向标号为 A, B, C, D 的四个邮筒，问在 B 邮筒中恰好投入一封信的概率为多少？

解 设 $Q=$ "在 B 邮筒中恰好投入一封信"，则

$$P(Q)=\frac{C_3^1 3^2}{4^3}=\frac{27}{64}.$$

14. 袋中有 9 个球（4 个白球、5 个黑球），现从中任取两个，求：
（1）两个均为白球的概率；

(2) 两个球中一个是白球,另一个是黑球的概率;

(3) 至少有一个黑球的概率.

解 设 $A=$ "两个均为白球", $B=$ "两个球中一个是白球,另一个是黑球", $C=$ "至少有一个黑球",则

$$P(A)=\frac{C_4^2}{C_9^2}=\frac{1}{6},$$

$$P(B)=\frac{C_4^1 C_5^1}{C_9^2}=\frac{5}{9},$$

$$P(C)=1-P(A)=\frac{5}{6},$$

15. 从 2,3,4,5 这四个数中,有放回地取三次,每次任取一个数,求所取得的三个数之积能被 10 整除的概率.

解 设 $A=$ "所取得的三个数之积能被 10 整除",则

$$P(A)=1-P(\bar{A})=1-\frac{3^3+2^3-1^3}{4^3}=\frac{15}{32}.$$

16. 设事件 A 与 B 互不相容, $P(A)=0.4, P(B)=0.3$,求 $P(\bar{A}\bar{B})$ 与 $P(\bar{A}\cup B)$.

解 $P(\bar{A}\bar{B})=1-P(A\cup B)=1-P(A)-P(B)=0.3,$

因为 A,B 互不相容,所以 $\bar{A}\supset B$,于是

$$P(\bar{A}\cup B)=P(\bar{A})=0.6.$$

17. 若 $P(AB)=P(\bar{A}\bar{B})$ 且 $P(A)=p$,求 $P(B)$.

解 $P(\bar{A}\bar{B})=1-P(A\cup B)=1-P(A)-P(B)+P(AB),$

由 $P(\bar{A}\bar{B})=P(AB)$ 得

$$P(B)=1-P(A)=1-p.$$

18. 设事件 A,B 及 $A\cup B$ 的概率分别为 p,q 及 r,求 $P(AB)$ 与 $P(A\cup \bar{B})$.

解 $P(AB)=P(A)+P(B)-P(A\cup B)=p+q-r,$

$P(A\cup \bar{B})=P(A)+P(\bar{B})-P(A\bar{B})=P(A)+1-P(B)-P(A)+P(AB)$

$=1-q+p+q-r=1+p-r.$

19. 设 $P(A)+P(B)=0.7$ 且 A,B 仅发生一个的概率为 0.5,求 A,B 都发生的概率.

解 1 由题意有

$$0.5=P(A\bar{B}+\bar{A}B)=P(A\bar{B})+P(\bar{A}B)$$
$$=P(A)-P(AB)+P(B)-P(AB)=0.7-2P(AB),$$

所以

$$P(AB)=0.1.$$

解 2 A,B 仅发生一个可表示为 $A\cup B-AB$,故

$$0.5=P(A\cup B)-P(AB)=P(A)+P(B)-2P(AB),$$

所以

$$P(AB) = 0.1.$$

20. 设 $P(A) = 0.7, P(A-B) = 0.3, P(B-A) = 0.2$，求 $P(\overline{AB})$ 与 $P(\overline{A}\,\overline{B})$.

解 因
$$0.3 = P(A-B) = P(A) - P(AB) = 0.7 - P(AB),$$
所以
$$P(AB) = 0.4,$$
故
$$P(\overline{AB}) = 0.6.$$
又由
$$0.2 = P(B) - P(AB) = P(B) - 0.4,$$
所以
$$P(B) = 0.6,$$
$$P(\overline{A}\,\overline{B}) = 1 - P(A \cup B) = 1 - P(A) - P(B) + P(AB) = 0.1.$$

21. 设 $AB \subset C$，试证：$P(A) + P(B) - P(C) \le 1$.

证 因为 $AB \subset C$，所以
$$P(C) \ge P(AB) = P(A) + P(B) - P(A \cup B) \ge P(A) + P(B) - 1,$$
故
$$P(A) + P(B) - P(C) \le 1.$$

22. 对任意三个事件 A, B, C，试证：
$$P(AB) + P(AC) - P(BC) \le P(A).$$

证 $P(AB) + P(AC) - P(BC) \le P(AB) + P(AC) - P(ABC)$
$= P(AB \cup AC) = P(A(B \cup C)) \le P(A).$

23. 设 $A \supset B, A \supset C, P(A) = 0.9, P(\overline{B} \cup \overline{C}) = 0.8$，求 $P(A-BC)$.

解 因为 $A \supset B, A \supset C$，所以 $A \supset BC$. 又由于
$$0.8 = P(\overline{B} \cup \overline{C}) = P(\overline{BC}) = 1 - P(BC),$$
故
$$P(BC) = 0.2,$$
因此
$$P(A-BC) = P(A) - P(ABC) = P(A) - P(BC) = 0.7.$$

24. 随机地向半圆 $0 < y < \sqrt{2ax - x^2}$（a 为正常数）内掷一点，点落在圆内任何区域的概率与区域的面积成正比，求原点与该点的连线与 x 轴的夹角小于 $\dfrac{\pi}{4}$ 的概率.

解 半圆域如图 1.1，设 A = "原点与该点的连线与 x 轴的夹角小于 $\dfrac{\pi}{4}$"，由几何概率的定义，有

$$P(A) = \frac{A \text{ 的面积}}{\text{半圆的面积}} = \frac{\dfrac{1}{4}\pi a^2 + \dfrac{1}{2}a^2}{\dfrac{1}{2}\pi a^2} = \frac{1}{2} + \frac{1}{\pi}.$$

25. 把长度为 a 的棒任意折成三段,求它们可以构成一个三角形的概率.

解 1 设 $A =$ "三段可构成三角形",又三段的长分别为 $x, y, a-x-y$,则 $0<x<a, 0<y<a, 0<x+y<a$,不等式构成了平面区域 S,如图 1.2 所示.因为 A 发生 $\Leftrightarrow 0<x<\dfrac{a}{2}, 0<y<\dfrac{a}{2}, \dfrac{a}{2}<x+y<a$,不等式构成了平面区域 S 的子区域 A,故

$$P(A) = \dfrac{A \text{ 的面积}}{S \text{ 的面积}} = \dfrac{1}{4}.$$

解 2 设三段长分别为 x, y, z,则 $0<x<a, 0<y<a, 0<z<a$ 且 $x+y+z=a$,不等式构成了三维空间中的有界平面区域 S,如图 1.3 所示.故 A 发生 $\Leftrightarrow x+y>z, x+z>y, y+z>x$,不等式构成了平面区域 S 的子区域 A,故

$$P(A) = \dfrac{A \text{ 的面积}}{S \text{ 的面积}} = \dfrac{1}{4}.$$

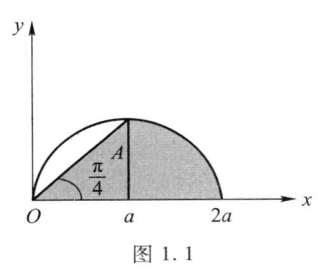
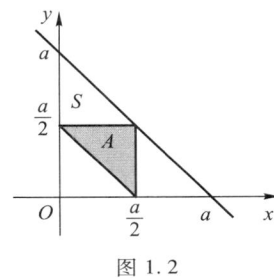
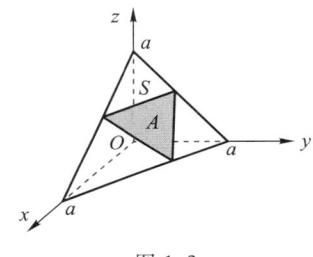

图 1.1　　　　　图 1.2　　　　　图 1.3

26. 随机地取两个正数 x 和 y,这两个数中的任一个都不超过 1,试求 x 与 y 之和不超过 1 且积不小于 0.09 的概率.

解 由 $0<x\leqslant 1, 0<y\leqslant 1$ 构成的平面区域 S 如图 1.4 所示.设 $A=$ "$x+y\leqslant 1, xy\geqslant 0.09$",则 A 发生的充要条件为 $0<x+y\leqslant 1, 1\geqslant xy\geqslant 0.09$,不等式构成了平面区域 S 的子区域 A,故

$$P(A) = \dfrac{A \text{ 的面积}}{S \text{ 的面积}} = \int_{0.1}^{0.9}\left(1-x-\dfrac{0.09}{x}\right)\mathrm{d}x$$
$$= 0.4 - 0.18\ln 3 = 0.2.$$

*27.（比丰投针问题）在平面上画出等距（距离为 $a>0$）的一些平行线,向平面上随机地投掷一根长为 $l(l<a)$ 的针,试求针与任一平行线相交的概率.

解 设 $A=$ "针与某平行线相交",针落在平面上的情况可参考图 1.5 中的几种.设 x 为针的中点到最近的一条平行线的距离,φ 为针与平行线的夹角,则

$$0<x<\dfrac{a}{2}, 0<\varphi<\pi,$$

不等式构成了平面上的一个区域 S,如图 1.6.故 A 发生 $\Leftrightarrow x\leqslant \dfrac{l}{2}\sin\varphi$,不等式构成了平面区域 S 的子区域 A,故

$$P(A) = \dfrac{1}{\dfrac{a}{2}\pi}\int_0^\pi \dfrac{l}{2}\sin\varphi\,\mathrm{d}\varphi = \dfrac{2l}{a\pi}.$$

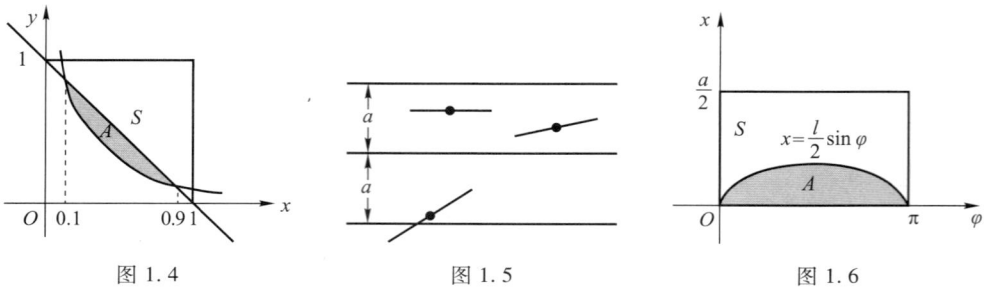

图 1.4   图 1.5   图 1.6

28. 甲、乙两艘轮船驶向一个不能同时停泊两艘轮船的码头,它们在一昼夜内到达的时间是等可能的. 若甲船停泊的时间是 1 h,乙船停泊的时间是 2 h,求它们中任何一艘都不需要等候码头空出的概率.

解 设 $A=$"任何一艘船都不需要等候码头空出",x 为甲船到达时刻,y 为乙船到达时刻,$0 \leq x < 24, 0 \leq y < 24$,则 A 发生的充要条件为 $y-x>1$ 或 $x-y>2$,如图 1.7 所示,故

$$P(A)=\frac{\frac{1}{2}\times 23^2+\frac{1}{2}\times 22^2}{24^2}=\frac{1\,013}{1\,152}.$$

图 1.7

典型例题讲解

第 2 章 条件概率与独立性

习 题 2

1. 假设一批产品中一、二、三等品各占 60%, 30%, 10%, 从中任取一件, 发现它不是三等品, 求它是一等品的概率.

解 设 $A_i = $ "任取的一件是 i 等品", $i=1,2,3$, 所求概率为
$$P(A_1 \mid \overline{A}_3) = \frac{P(A_1 \overline{A}_3)}{P(\overline{A}_3)}.$$

因为
$$\overline{A}_3 = A_1 + A_2,$$

所以
$$P(\overline{A}_3) = P(A_1) + P(A_2) = 0.6 + 0.3 = 0.9,$$
$$P(A_1 \overline{A}_3) = P(A_1) = 0.6,$$

故
$$P(A_1 \mid \overline{A}_3) = \frac{0.6}{0.9} = \frac{2}{3}.$$

2. 设 10 件产品中有 4 件不合格品, 从中任取两件, 已知所取两件中有一件是不合格品, 求另一件也是不合格品的概率.

解 设 $A = $ "所取两件中有一件是不合格品", $B_i = $ "所取两件中恰有 i 件不合格", $i=1,2$. 则
$$A = B_1 + B_2,$$
$$P(A) = P(B_1) + P(B_2) = \frac{C_4^1 C_6^1}{C_{10}^2} + \frac{C_4^2}{C_{10}^2},$$

所求概率为
$$P(B_2 \mid A) = \frac{P(B_2)}{P(A)} = \frac{C_4^2}{C_4^1 C_6^1 + C_4^2} = \frac{1}{5}.$$

3. 袋中有 5 个白球、6 个黑球, 从袋中一次取出 3 个球, 发现都是同一颜色, 求这颜色是黑色的概率.

解 设 $A = $ "发现是同一颜色", $B = $ "全是白色", $C = $ "全是黑色", 则
$$A = B + C,$$

所求概率为

$$P(C\mid A)=\frac{P(AC)}{P(A)}=\frac{P(C)}{P(B+C)}=\frac{\dfrac{C_6^3}{C_{11}^3}}{\dfrac{C_6^3}{C_{11}^3}+\dfrac{C_5^3}{C_{11}^3}}=\frac{2}{3}.$$

4. 从一副无大、小王的 52 张扑克牌中任意抽取 5 张,求在至少有 3 张黑桃的条件下,5 张都是黑桃的概率.

解 设 $A=$"至少有 3 张黑桃",$B_i=$"5 张中恰有 i 张黑桃",$i=3,4,5$,则
$$A=B_3+B_4+B_5,$$
所求概率为
$$P(B_5\mid A)=\frac{P(AB_5)}{P(A)}=\frac{P(B_5)}{P(B_3+B_4+B_5)}=\frac{C_{13}^5}{C_{13}^3 C_{39}^2+C_{13}^4 C_{39}^1+C_{13}^5}=\frac{3}{562}.$$

5. 设 $P(A)=0.5, P(B)=0.6, P(B\mid A)=0.8$,求 $P(A\cup B)$ 与 $P(B-A)$.

解 $P(A\cup B)=P(A)+P(B)-P(AB)=1.1-P(A)P(B\mid A)=1.1-0.4=0.7,$
$P(B-A)=P(B)-P(AB)=0.6-0.4=0.2.$

6. 甲袋中有 3 个白球、2 个黑球,乙袋中有 4 个白球、4 个黑球.今从甲袋中任取两球放入乙袋,再从乙袋中任取一球,求该球是白球的概率.

解 设 $A=$"从乙袋中取出的球是白球",$B_i=$"从甲袋中取出的两球中恰有 i 个白球",$i=0,1,2$. 由全概率公式,有
$$P(A)=P(B_0)P(A\mid B_0)+P(B_1)P(A\mid B_1)+P(B_2)P(A\mid B_2)$$
$$=\frac{C_2^2}{C_5^2}\cdot\frac{4}{10}+\frac{C_3^1 C_2^1}{C_5^2}\cdot\frac{1}{2}+\frac{C_3^2}{C_5^2}\cdot\frac{6}{10}=\frac{13}{25}.$$

7. 在第 6 题中,已知从乙袋中取得的球是白球,求从甲袋中取出的球是一白一黑的概率.

解 事件如第 6 题所设,所求概率为
$$P(B_1\mid A)=\frac{P(B_1)P(A\mid B_1)}{P(A)}=\frac{\dfrac{C_3^1 C_2^1}{C_5^2}\cdot\dfrac{1}{2}}{\dfrac{13}{25}}=\frac{15}{26}.$$

8. 已知甲袋中有 2 个黑球和 3 个白球,乙袋中有 1 个黑球和 4 个白球,丙袋中有 3 个黑球和 2 个白球. 先从甲、乙袋中各任取一球放入丙袋,然后再从丙袋任取一球,求从丙袋中取出的球为白球的概率.

解 设 $A=$"从丙袋中取出的球为白球",$B=$"从甲袋中取出的球为白球",$C=$"从乙袋中取出的球为白球",由全概率公式,有
$$P(A)=P(BC)P(A\mid BC)+P(B\bar{C})P(A\mid B\bar{C})+P(\bar{B}C)P(A\mid \bar{B}C)+P(\bar{B}\bar{C})P(A\mid \bar{B}\bar{C})$$
$$=\frac{3}{5}\times\frac{4}{5}\times\frac{4}{7}+\frac{3}{5}\times\frac{1}{5}\times\frac{3}{7}+\frac{2}{5}\times\frac{4}{5}\times\frac{3}{7}+\frac{2}{5}\times\frac{1}{5}\times\frac{2}{7}=\frac{17}{35}.$$

9. 一个盒子中装有 15 个乒乓球,其中 9 个新球. 在第一次比赛时任意抽取 3 个球,比赛后仍放回原盒中;在第二次比赛时同样地任取 3 个球,求第二次取出的 3 个球均为新球的概率.

解 设 $A=$"第二次取出的3个球均为新球",$B_i=$"第一次取出的3个球中恰有i个新球",$i=0,1,2,3$.由全概率公式,有

$$P(A)=P(B_0)P(A\mid B_0)+P(B_1)P(A\mid B_1)+P(B_2)P(A\mid B_2)+P(B_3)P(A\mid B_3)$$

$$=\frac{C_6^3}{C_{15}^3}\cdot\frac{C_9^3}{C_{15}^3}+\frac{C_9^1C_6^2}{C_{15}^3}\cdot\frac{C_8^3}{C_{15}^3}+\frac{C_9^2C_6^1}{C_{15}^3}\cdot\frac{C_7^3}{C_{15}^3}+\frac{C_9^3}{C_{15}^3}\cdot\frac{C_6^3}{C_{15}^3}$$

$$=\frac{528}{5\,915}=0.089.$$

10. 电报发射台发出信号"·"和"—"的比例为5:3,由于干扰,当传送"·"时失真率为$\frac{2}{5}$,当传送"—"时失真率为$\frac{1}{3}$,求当接收台收到"·"时发射台发出的信号恰是"·"的概率.

解 设 $A=$"收到'·'",$B=$"发出'·'",由贝叶斯公式,有

$$P(B\mid A)=\frac{P(B)P(A\mid B)}{P(B)P(A\mid B)+P(\overline{B})P(A\mid\overline{B})}=\frac{\frac{5}{8}\times\frac{3}{5}}{\frac{5}{8}\times\frac{3}{5}+\frac{3}{8}\times\frac{1}{3}}=\frac{3}{4}.$$

11. 已知一批产品中96%是合格品,在检查产品时,一个合格品被误认为是次品的概率是0.02,一个次品被误认为是合格品的概率是0.05,求在被检查后认为是合格品的产品确是合格品的概率.

解 设 $A=$"任取一产品,经检查是合格品",$B=$"任取一产品确是合格品",则

$$A=BA+\overline{B}A,$$

$$P(A)=P(B)P(A\mid B)+P(\overline{B})P(A\mid\overline{B})$$

$$=0.96\times0.98+0.04\times0.05=0.942\,8,$$

所求概率为

$$P(B\mid A)=\frac{P(B)P(A\mid B)}{P(A)}=\frac{0.96\times0.98}{0.942\,8}=0.998.$$

12. 假设有两箱同种零件:第一箱内装50件,其中10件一等品;第二箱内装30件,其中18件一等品.现从两箱中随意挑出一箱,然后从该箱中先后随机取出两个零件(取出的零件均不放回),试求:

(1)先取出的零件是一等品的概率;

(2)在先取出的零件是一等品的条件下,第二次取出的零件仍然是一等品的概率.

解 设 $A_i=$"第i次取出的零件是一等品",$i=1,2$. $B_i=$"取到第i箱",$i=1,2$. 则

(1) $P(A_1)=P(B_1)P(A_1\mid B_1)+P(B_2)P(A_1\mid B_2)=\frac{1}{2}\left(\frac{1}{5}+\frac{3}{5}\right)=\frac{2}{5}$;

(2) $P(A_2\mid A_1)=\frac{P(A_1A_2)}{P(A_1)}=\frac{P(A_1A_2B_1+A_1A_2B_2)}{P(A_1)}$

$$=\frac{P(B_1)P(A_1A_2\mid B_1)+P(B_2)P(A_1A_2\mid B_2)}{P(A_1)}$$

$$= \frac{\frac{1}{2}\left(\frac{C_{10}^2}{C_{50}^2}+\frac{C_{18}^2}{C_{30}^2}\right)}{\frac{2}{5}} = \frac{\frac{9}{49}+\frac{51}{29}}{4} = 0.485\ 6;$$

13. 玻璃杯成箱出售,每箱 20 只,假设各箱含 0,1,2 只次品的概率分别为 0.8,0.1,0.1. 一顾客欲购一箱玻璃杯,在购买时,售货员随意取一箱,而顾客开箱随意地察看 4 只,若无次品,则买下该箱玻璃杯,否则退回. 试求:

(1) 顾客买下该箱玻璃杯的概率 α;

(2) 在顾客买下的一箱中,确实没有次品的概率 β.

解 设 $A=$ "顾客买下该箱", $B_i=$ "箱中恰有 i 件次品", $i=0,1,2$.

(1) $\alpha = P(A) = P(B_0)P(A\mid B_0)+P(B_1)P(A\mid B_1)+P(B_2)P(A\mid B_2)$

$$= 0.8+0.1\times\frac{C_{19}^4}{C_{20}^4}+0.1\times\frac{C_{18}^4}{C_{20}^4} = 0.94;$$

(2) $$\beta = P(B_0\mid A) = \frac{P(B_0)P(A\mid B_0)}{P(A)} = \frac{0.8}{0.94} = 0.85.$$

14. 设有分别来自三个地区的 10 名、15 名和 25 名考生的报名表,其中女生的报名表分别为 3 份、7 份和 5 份. 随机地取一个地区的报名表,从中先后抽出两份.

(1) 求先抽到的一份是女生的报名表的概率 p;

(2) 已知后抽到的一份是男生的报名表,求先抽到的一份是女生的报名表的概率 q.

解 设 $A=$ "先抽到的是女生的报名表", $B=$ "后抽到的是男生的报名表", $C_i=$ "取到第 i 个地区的报名表", $i=1,2,3$.

(1) $p = P(A) = P(C_1)P(A\mid C_1)+P(C_2)P(A\mid C_2)+P(C_3)P(A\mid C_3)$

$$= \frac{1}{3}\left(\frac{3}{10}+\frac{7}{15}+\frac{5}{25}\right) = \frac{29}{90};$$

(2) 因为先抽到的是女生的报名表的概率为 $\frac{29}{90}$,所以先抽到的是男生的报名表的概率为 $\frac{61}{90}$,根据抓阄问题的原理,后抽到的是男生的报名表的概率 $P(B)=\frac{61}{90}$,于是

$$q = P(A\mid B) = \frac{P(AB)}{P(B)} = \frac{P(ABC_1+ABC_2+ABC_3)}{P(B)}$$

$$= \frac{\frac{1}{3}[P(AB\mid C_1)+P(AB\mid C_2)+P(AB\mid C_3)]}{P(B)}$$

$$= \frac{\frac{1}{3}\left(\frac{3}{10}\times\frac{7}{9}+\frac{7}{15}\times\frac{8}{14}+\frac{5}{25}\times\frac{20}{24}\right)}{\frac{61}{90}} = \frac{20}{61}.$$

15. 一袋中装有 m 枚正品硬币、n 枚次品硬币(次品硬币的两面均印有数字). 在袋中任取一枚,已知将它投掷 r 次,每次都得到数字,问这枚硬币是正品的概率是多少?

解 设 $A=$ "任取一枚硬币掷 r 次都得到数字", $B=$ "任取一枚硬币是正品",则

$$A = BA + \bar{B}A,$$

所求概率为

$$P(B|A) = \frac{P(B)P(A|B)}{P(B)P(A|B) + P(\bar{B})P(A|\bar{B})}$$

$$= \frac{\frac{m}{m+n}\left(\frac{1}{2}\right)^r}{\frac{m}{m+n}\left(\frac{1}{2}\right)^r + \frac{n}{m+n}} = \frac{m}{m+n2^r}.$$

16. 甲、乙两人独立地对同一目标各射击一次,其命中率分别为 0.6 和 0.5. 现已知目标被击中,求它是甲击中的概率.

解 设 A = "目标被击中", B_1 = "甲击中", B_2 = "乙击中", 所求概率为

$$P(B_1|A) = \frac{P(B_1A)}{P(A)} = \frac{P(B_1)}{P(B_1 + B_2)} = \frac{P(B_1)}{1 - P(\bar{B}_1\bar{B}_2)}$$

$$= \frac{0.6}{1 - 0.4 \times 0.5} = 0.75.$$

17. 三人独立地去破译一个密码,他们能译出的概率分别是 $\frac{1}{5}, \frac{1}{3}, \frac{1}{4}$. 求他们将此密码译出的概率.

解 1 设 A = "将密码译出", B_i = "第 i 个人译出", $i = 1, 2, 3$. 则

$$P(A) = P(B_1 \cup B_2 \cup B_3) = P(B_1) + P(B_2) + P(B_3) - P(B_1B_2) - P(B_1B_3) - P(B_2B_3) + P(B_1B_2B_3)$$

$$= \frac{1}{5} + \frac{1}{3} + \frac{1}{4} - \frac{1}{5} \times \frac{1}{3} - \frac{1}{5} \times \frac{1}{4} - \frac{1}{3} \times \frac{1}{4} + \frac{1}{5} \times \frac{1}{3} \times \frac{1}{4} = \frac{3}{5} = 0.6.$$

解 2 事件如上所设,则

$$P(A) = 1 - P(\bar{A}) = 1 - P(\bar{B}_1\bar{B}_2\bar{B}_3) = 1 - \frac{4}{5} \times \frac{2}{3} \times \frac{3}{4} = \frac{3}{5} = 0.6.$$

18. 甲、乙、丙三人向一架飞机进行射击,设他们的命中率分别为 0.4, 0.5, 0.7. 又设飞机中一弹而被击落的概率为 0.2, 中两弹而被击落的概率为 0.6, 中三弹必然被击落. 今三人各射击一次,求飞机被击落的概率.

解 设 A = "飞机被击落", B_i = "飞机中 i 弹", $i = 1, 2, 3$, 则

$$P(A) = P(B_1)P(A|B_1) + P(B_2)P(A|B_2) + P(B_3)P(A|B_3)$$

$$= 0.2P(B_1) + 0.6P(B_2) + P(B_3).$$

设 C_1 = "甲击中", C_2 = "乙击中", C_3 = "丙击中", 则

$$P(B_1) = P(C_1\bar{C}_2\bar{C}_3) + P(\bar{C}_1C_2\bar{C}_3) + P(\bar{C}_1\bar{C}_2C_3)$$

$$= 0.4 \times 0.5 \times 0.3 + 0.6 \times 0.5 \times 0.7 + 0.6 \times 0.5 \times 0.3 = 0.36,$$

$$P(B_2) = P(C_1C_2\bar{C}_3) + P(C_1\bar{C}_2C_3) + P(\bar{C}_1C_2C_3)$$

$$= 0.4 \times 0.5 \times 0.3 + 0.4 \times 0.5 \times 0.7 + 0.6 \times 0.5 \times 0.7 = 0.41,$$

$$P(B_3) = P(C_1C_2C_3) = 0.4 \times 0.5 \times 0.7 = 0.14,$$

所以

$$P(A) = 0.2 \times 0.36 + 0.6 \times 0.41 + 0.14 = 0.458.$$

19. 某考生想借一本书,决定到三个图书馆去借,对每一个图书馆而言,有无这本书的概率相等;若有,能否借到的概率也相等.假设这三个图书馆采购、出借图书相互独立,求该考生能借到此书的概率.

解1 设 A = "该考生能借到此书",B_i = "从第 i 个图书馆借到",$i=1,2,3$,则
$$P(B_1) = P(B_2) = P(B_3) = P(\text{第 } i \text{ 个图书馆有此书且能借到})$$
$$= \frac{1}{2} \times \frac{1}{2} = \frac{1}{4},$$
$$P(B_1 B_2) = P(B_1 B_3) = P(B_2 B_3) = \frac{1}{4} \times \frac{1}{4} = \frac{1}{16},$$
$$P(B_1 B_2 B_3) = \frac{1}{4} \times \frac{1}{4} \times \frac{1}{4} = \frac{1}{64},$$

于是
$$P(A) = P(B_1 \cup B_2 \cup B_3)$$
$$= P(B_1) + P(B_2) + P(B_3) - P(B_1 B_2) - P(B_1 B_3) - P(B_2 B_3) + P(B_1 B_2 B_3)$$
$$= \frac{3}{4} - \frac{3}{16} + \frac{1}{64} = \frac{37}{64}.$$

解2 $P(A) = 1 - P(\bar{A}) = 1 - P(\bar{B}_1 \bar{B}_2 \bar{B}_3) = 1 - \left(\frac{3}{4}\right)^3 = \frac{37}{64}.$

解3 事件如解 1 所设,则
$$A = B_1 + \bar{B}_1 B_2 + \bar{B}_1 \bar{B}_2 B_3,$$

故
$$P(A) = P(B_1) + P(\bar{B}_1 B_2) + P(\bar{B}_1 \bar{B}_2 B_3)$$
$$= \frac{1}{4} + \frac{3}{4} \times \frac{1}{4} + \frac{3}{4} \times \frac{3}{4} \times \frac{1}{4} = \frac{37}{64}.$$

20. 设 B,C 及 $A_i(i=1,2,\cdots,n)$ 是具有正概率的事件,且 $A_i A_j = \varnothing, i \neq j (i,j=1,2,\cdots,n)$,$\bigcup_{i=1}^{n} A_i = S$. 若已知 $P(A_i), P(B|A_i)$ 及 $P(C|BA_i)(i=1,2,\cdots,n)$,求 $P(C|B)$.

解 由条件概率、乘法定理与全概率公式,有
$$P(C|B) = \frac{P(BC)}{P(B)} = \frac{\sum_{i=1}^{n} P(A_i) P(BC|A_i)}{\sum_{i=1}^{n} P(A_i) P(B|A_i)}$$
$$= \frac{\sum_{i=1}^{n} P(A_i) P(B|A_i) P(C|BA_i)}{\sum_{i=1}^{n} P(A_i) P(B|A_i)}.$$

21. 设 $P(A) > 0$,证明:$P(B|A) \geq 1 - \dfrac{P(\bar{B})}{P(A)}.$

证 因为 $A\bar{B} \subset \bar{B}$，所以 $P(A\bar{B}) \le P(\bar{B})$. 故

$$P(B \mid A) = 1 - P(\bar{B} \mid A) = 1 - \frac{P(\bar{B}A)}{P(A)} \ge 1 - \frac{P(\bar{B})}{P(A)}.$$

22. 设 A,B,C 是三个事件，A,B 相互独立；A,C 相互独立；B,C 互不相容，且 $P(A) = P(B) = \frac{1}{2}$，$P(AC \mid (AB \cup C)) = \frac{1}{4}$，求 $P(C)$.

解
$$\frac{1}{4} = P(AC \mid (AB \cup C)) = \frac{P(AC \cap (AB \cup C))}{P(AB \cup C)}$$
$$= \frac{P(AC)}{P(AB) + P(C) - P(ABC)}$$
$$= \frac{P(A)P(C)}{P(A)P(B) + P(C) - P(\varnothing)}$$
$$= \frac{\frac{1}{2}P(C)}{\frac{1}{2} \times \frac{1}{2} + P(C) - 0},$$

故 $P(C) = \frac{1}{4}$.

23. 证明：若三事件 A,B,C 相互独立，则 $A \cup B$ 及 $A-B$ 都与 C 独立.

证 $P((A \cup B)C) = P(AC \cup BC) = P(AC) + P(BC) - P(ABC)$
$$= P(A)P(C) + P(B)P(C) - P(A)P(B)P(C)$$
$$= [P(A) + P(B) - P(AB)]P(C)$$
$$= P(A \cup B)P(C),$$

即 $A \cup B$ 与 C 独立. 又

$$P((A-B)C) = P(A\bar{B}C) = P(A)P(\bar{B})P(C) = P(A\bar{B})P(C)$$
$$= P(A-B)P(C),$$

即 $A-B$ 与 C 相互独立.

24. 设有三个事件 A,B,C，其中 $P(B) > 0, 0 < P(C) < 1$，且 B 与 C 相互独立，证明：
$$P(A \mid B) = P(A \mid BC)P(C) + P(A \mid B\bar{C})P(\bar{C}).$$

证 由全概率公式，有
$$P(A \mid B) = P((A \mid B) \cap (C \cup \bar{C})) = P(C)P(A \mid BC) + P(\bar{C})P(A \mid B\bar{C}).$$

25. 一个教室里有 4 名一年级男生，6 名一年级女生，6 名二年级男生，若干名二年级女生. 为了在随机地选择一名学生时，性别与年级是相互独立的，教室里的二年级女生应为多少名？

解 设教室里应有 N 名二年级女生，$A =$ "任选一名学生为男生"，$B =$ "任选一名学生为一年级"，则

$$P(A) = \frac{10}{N+16}, P(B) = \frac{10}{N+16}, P(AB) = \frac{10}{N+16} \cdot \frac{4}{10} = \frac{4}{N+16}.$$

若性别与年级相互独立，则

$$P(AB)=P(A)P(B), \frac{4}{N+16}=\frac{10}{N+16}\cdot\frac{10}{N+16}.$$

所以 $N=9$，即教室里的二年级女生应为 9 名.

26. 一射手对同一目标独立地进行四次射击，若至少命中一次的概率为 $\frac{80}{81}$，求该射手的命中率.

解 设该射手的命中率为 p，由题意，有
$$\frac{80}{81}=1-(1-p)^4, (1-p)^4=\frac{1}{81}, 1-p=\frac{1}{3},$$

所以 $p=\frac{2}{3}$.

27. 设一批晶体管的次品率为 0.01，今从这批晶体管中抽取 4 个，求其中恰有 1 个次品和恰有 2 个次品的概率.

解
$$P_4(1)=C_4^1 0.01\times 0.99^3=0.0388,$$
$$P_4(2)=C_4^2 0.01^2\times 0.99^2=0.000588.$$

28. 考试时有 4 道选择题，每题附有 4 个答案，其中只有一个是正确的，一个考生随意地选择每题的答案，求他至少答对 3 道题的概率.

解 答对每道题的概率为 $\frac{1}{4}$，所求概率为
$$P_4(3)+P_4(4)=C_4^3\left(\frac{1}{4}\right)^3\frac{3}{4}+\left(\frac{1}{4}\right)^4=\frac{13}{256}.$$

29. 设在伯努利试验中，成功的概率为 p，求在第 n 次试验时取得第 r 次成功的概率.

解 设 $B=$"在第 n 次试验时取得第 r 次成功"，则
$$P(B)=P(前\ n-1\ 次试验，恰好成功\ r-1\ 次)P(第\ n\ 次试验成功)$$
$$=C_{n-1}^{r-1}p^{r-1}(1-p)^{n-r}p=C_{n-1}^{r-1}p^r(1-p)^{n-r}.$$

30. 设一厂家生产的每台仪器，可以直接出厂的概率为 0.7；需进一步调试的概率为 0.3，经调试后可以出厂的概率为 0.8，为不合格品的概率为 0.2，不合格品不能出厂. 现该厂生产了 n（$n\geq 2$）台仪器（假定各台仪器的生产过程相互独立）. 求：

（1）全部能出厂的概率 α；
（2）恰有两台不能出厂的概率 β；
（3）至少有两台不能出厂的概率 θ.

解 设 $A=$"任取一台可以出厂"，$B=$"可直接出厂"，$C=$"需进一步调试"，则
$$A=BA+CA,$$
$$P(A)=P(B)P(A|B)+P(C)P(A|C)=0.7+0.3\times 0.8=0.94=p.$$

将 n 台仪器看作 n 重伯努利试验，成功的概率为 p，于是

（1）$\alpha=0.94^n$；
（2）$\beta=C_n^2 0.06^2 0.94^{n-2}$；
（3）$\theta=1-0.94^n-n\times 0.06\times 0.94^{n-1}$.

31. 某人有两盒火柴，在吸烟时任意从一盒中取一根火柴. 经过若干时间后，发现一盒火柴已经用完. 如果最初两盒中各有 n 根火柴，求这时另一盒中还有 r 根火柴的概率.

解 设 $A=$"发现一盒已经用完而另一盒还有 r 根", $B=$"发现甲盒已经用完而乙盒还有 r 根",则
$$P(A)=2P(B).$$
B 发生表示从甲盒拿了 $n+1$ 次,从乙盒拿了 $n-r$ 次,共进行了 $2n+1-r$ 次试验,而且前 $2n-r$ 次试验,从甲盒拿了 n 次,第 $2n+1-r$ 次试验恰好是从甲盒拿. 故
$$P(B)=C_{2n-r}^{n}\left(\frac{1}{2}\right)^{2n-r}\cdot\frac{1}{2},$$
从而
$$P(A)=2P(B)=C_{2n-r}^{n}\left(\frac{1}{2}\right)^{2n-r}.$$

32. 设一个系统由 5 个元件组成,连接方式如图 2.1 所示. 元件 1,5 的可靠性均为 $r(0<r<1)$,元件 2,3,4 的可靠性均为 $p(0<p<1)$,且各元件能否正常工作是相互独立的. 试求:

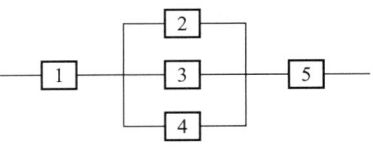

图 2.1

(1) 这个系统的可靠性;
(2) 在这个系统正常工作时,元件 2,3,4 中仅有一个在正常工作的概率.

解 设 $B=$"整个系统正常工作", $C=$"元件 2,3,4 中仅有一个正常工作", $A_i=$"元件 i 正常工作"$(i=1,2,3,4,5)$,依题意,A_1,A_2,A_3,A_4,A_5 相互独立.

(1) $\quad P(B)=P(A_1\cap(A_2\cup A_3\cup A_4)\cap A_5)$
$=P(A_1A_5A_2\cup A_1A_5A_3\cup A_1A_5A_4)$
$=P(A_1A_2A_5)+P(A_1A_3A_5)+P(A_1A_4A_5)-P(A_1A_2A_3A_5)-$
$P(A_1A_2A_4A_5)-P(A_1A_3A_4A_5)+P(A_1A_2A_3A_4A_5)$
$=3r^2p-3r^2p^2+r^2p^3=pr^2(3-3p+p^2);$

(2) $\quad P(C\mid B)=P((A_2\bar{A}_3\bar{A}_4\cup\bar{A}_2A_3\bar{A}_4\cup\bar{A}_2\bar{A}_3A_4)\mid B)$
$=\dfrac{P(A_1A_2\bar{A}_3\bar{A}_4A_5)+P(A_1\bar{A}_2A_3\bar{A}_4A_5)+P(A_1\bar{A}_2\bar{A}_3A_4A_5)}{P(B)}$
$=\dfrac{3r^2p(1-p)^2}{pr^2(3-3p+p^2)}=\dfrac{3(1-p)^2}{3-3p+p^2}.$

33. 设昆虫产 k 个卵的概率为 $p_k=\dfrac{\lambda^k}{k!}\mathrm{e}^{-\lambda}$,又设一个虫卵能孵化成昆虫的概率为 p. 若卵的孵化是相互独立的,问此昆虫的下一代有 L 条的概率是多少?

解 设 $A=$"此昆虫的下一代有 L 条", $B_k=$"产 k 个卵", $k=L,L+1,\cdots$,则
$$P(A)=\sum_{k=L}^{\infty}P(B_k)P(A\mid B_k)=\sum_{k=L}^{\infty}\frac{\lambda^k}{k!}\mathrm{e}^{-\lambda}C_k^L p^L(1-p)^{k-L}$$
$$=\sum_{k=L}^{\infty}\frac{\lambda^k\mathrm{e}^{-\lambda}p^L}{L!(k-L)!}(1-p)^{k-L}=\frac{(\lambda p)^L}{L!}\mathrm{e}^{-\lambda}\sum_{k=L}^{\infty}\frac{[\lambda(1-p)]^{k-L}}{(k-L)!}$$
$$=\frac{(\lambda p)^L}{L!}\mathrm{e}^{-\lambda}\mathrm{e}^{\lambda(1-p)}=\frac{(\lambda p)^L}{L!}\mathrm{e}^{-\lambda p}.$$

34. 一台仪器中装有 2 000 个同样的元件,每个元件损坏的概率为 0.000 5. 如果任一元件损坏,则仪器停止工作,求仪器停止工作的概率.

解 考察一个元件,可视为一次伯努利试验,2 000 个元件为 2 000 重伯努利试验. $np=1$,利用泊松逼近定理,所求概率为

$$\sum_{k=1}^{2\,000} P_{2\,000}(k) \approx \sum_{k=1}^{2\,000} \frac{1}{k!} e^{-1} = 0.632\,16.$$

35. 设实验室器皿中产生甲、乙两类细菌的机会相等,且产生 k 个细菌的概率为 $p_k = \frac{\lambda^k}{k!} e^{-\lambda}$, $\lambda > 0, k = 0, 1, 2, \cdots$. 求:

(1) 产生了乙类细菌但没有产生甲类细菌的概率;

(2) 在已产生了细菌且没有产生乙类细菌的条件下,有 2 个甲类细菌的概率.

解 设 B = "产生了乙类细菌但没有产生甲类细菌",C = "产生了甲类细菌但没有产生乙类细菌",D = "产生 2 个甲类细菌",则

(1) $$P(B) = \sum_{k=1}^{\infty} \frac{\lambda^k}{k!} e^{-\lambda} \left(\frac{1}{2}\right)^k = e^{-\lambda}(e^{\frac{\lambda}{2}} - 1), P(C) = P(B);$$

(2) $$P(D \mid C) = \frac{\frac{\lambda^2}{2!} e^{-\lambda} \left(\frac{1}{2}\right)^2}{e^{-\lambda}(e^{\frac{\lambda}{2}} - 1)} = \frac{\lambda^2}{8(e^{\frac{\lambda}{2}} - 1)}.$$

典型例题讲解

第3章 随机变量及其分布

习 题 3

1. 掷一枚非均质的硬币,出现正面的概率为 $p(0<p<1)$. 若以 X 表示直至掷到正、反面都出现时为止所投掷次数,求 X 的分布列.

解 $X=k$ 表示事件:前 $k-1$ 次出现正面,第 k 次出现反面,或前 $k-1$ 次出现反面,第 k 次出现正面,则
$$P(X=k)=p^{k-1}(1-p)+(1-p)^{k-1}p, \quad k=2,3,\cdots.$$

2. 袋中有 a 个白球、b 个黑球,从袋中任意取出 r 个球,求 r 个球中黑球的个数 X 的分布列.

解 从 $a+b$ 个球中任取 r 个球共有 C_{a+b}^r 种取法,r 个球中有 k 个黑球的取法有 $C_b^k C_a^{r-k}$ 种,X 的分布列为
$$P(X=k)=\frac{C_b^k C_a^{r-k}}{C_{a+b}^r}, k=\max\{0,r-a\},\max\{0,r-a\}+1,\cdots,\min\{b,r\}.$$

这是因为,如果 $r<a$,则 r 个球中可以全是白球,没有黑球,即 $k=0$;如果 $r>a$,则 r 个球中至少有 $r-a$ 个黑球,此时 k 应从 $r-a$ 开始.

3. 一实习生用一台机器接连独立地制造了3个同种零件,第 i 个零件是不合格品的概率 $p_i=\frac{1}{i+1}(i=1,2,3)$. 以 X 表示3个零件中合格品的个数,求 X 的分布列.

解 设 $A_i=$ "第 i 个零件是合格品",$i=1,2,3$,则
$$P(X=0)=P(\bar{A}_1\bar{A}_2\bar{A}_3)=\frac{1}{2}\times\frac{1}{3}\times\frac{1}{4}=\frac{1}{24},$$
$$P(X=1)=P(A_1\bar{A}_2\bar{A}_3+\bar{A}_1A_2\bar{A}_3+\bar{A}_1\bar{A}_2A_3)$$
$$=P(A_1\bar{A}_2\bar{A}_3)+P(\bar{A}_1A_2\bar{A}_3)+P(\bar{A}_1\bar{A}_2A_3)$$
$$=\frac{1}{2}\times\frac{1}{3}\times\frac{1}{4}+\frac{1}{2}\times\frac{2}{3}\times\frac{1}{4}+\frac{1}{2}\times\frac{1}{3}\times\frac{3}{4}=\frac{6}{24},$$
$$P(X=2)=P(A_1A_2\bar{A}_3+A_1\bar{A}_2A_3+\bar{A}_1A_2A_3)$$
$$=P(A_1A_2\bar{A}_3)+P(A_1\bar{A}_2A_3)+P(\bar{A}_1A_2A_3)$$
$$=\frac{1}{2}\times\frac{2}{3}\times\frac{1}{4}+\frac{1}{2}\times\frac{1}{3}\times\frac{3}{4}+\frac{1}{2}\times\frac{2}{3}\times\frac{3}{4}=\frac{11}{24},$$
$$P(X=3)=P(A_1A_2A_3)=\frac{1}{2}\times\frac{2}{3}\times\frac{3}{4}=\frac{6}{24},$$

即 X 的分布列为

X	0	1	2	3
P	$\frac{1}{24}$	$\frac{6}{24}$	$\frac{11}{24}$	$\frac{6}{24}$

4. 一汽车沿一街道行驶,需通过三个设有红绿信号灯的路口,每个信号灯为红灯或绿灯与其他信号灯为红灯或绿灯相互独立,且每一信号灯红、绿两种信号显示的概率均为 $\frac{1}{2}$. 以 X 表示该汽车首次遇到红灯前已通过的路口的个数,求 X 的分布列.

解 $P(X=0) = P(\text{第一个路口即为红灯}) = \frac{1}{2}$,

$P(X=1) = P(\text{第一个路口为绿灯,第二个路口为红灯}) = \frac{1}{2} \times \frac{1}{2} = \frac{1}{4}$,

依此类推,得 X 的分布列为

X	0	1	2	3
P	$\frac{1}{2}$	$\frac{1}{4}$	$\frac{1}{8}$	$\frac{1}{8}$

5. 将一枚硬币连掷 n 次,以 X 表示这 n 次中出现正面的次数,求 X 的分布列.

解 X 为 n 重伯努利试验中成功出现的次数,故 $X \sim B\left(n, \frac{1}{2}\right)$,X 的分布列为

$$P(X=k) = C_n^k \left(\frac{1}{2}\right)^n, \quad k=0,1,\cdots,n.$$

6. 一电话交换台每 1 min 接到的呼叫次数服从参数为 4 的泊松分布.求:
(1) 每 1 min 恰有 8 次呼叫的概率;
(2) 每 1 min 的呼叫次数大于 10 的概率.

解 设 X 为每 1 min 接到的呼叫次数,则 $X \sim P(4)$.

(1) $P(X=8) = \frac{4^8}{8!}e^{-4} = \sum_{k=8}^{\infty}\frac{4^k}{k!}e^{-4} - \sum_{k=9}^{\infty}\frac{4^k}{k!}e^{-4} = 0.2977$;

(2) $P(X>10) = \sum_{k=11}^{\infty}\frac{4^k}{k!}e^{-4} = 0.00284$.

7. 设某商店每月销售某种商品的数量服从参数为 5 的泊松分布,问在月初至少要有多少库存才能保证当月不脱销的概率在 0.99977 以上?

解 设 X 为该商品的销售量,N 为库存量,由题意,有

$$0.99977 \leq P(X \leq N) = 1 - P(X>N) = 1 - \sum_{k=N+1}^{\infty}P(X=k) = 1 - \sum_{k=N+1}^{\infty}\frac{5^k}{k!}e^{-5},$$

即

$$\sum_{k=N+1}^{\infty}\frac{5^k}{k!}e^{-5} \leq 0.00023.$$

查泊松分布表知 $N+1=15$,故月初至少要有 14 件以上库存,才能保证当月不脱销的概率在 0.99977 以上.

8. 已知离散型随机变量 X 的分布列为: $P(X=1)=0.2, P(X=2)=0.3, P(X=3)=0.5$, 试写出 X 的分布函数.

解 X 的分布列为

X	1	2	3
P	0.2	0.3	0.5

所以 X 的分布函数为

$$F(x)=\begin{cases} 0, & x<1, \\ 0.2, & 1\leqslant x<2, \\ 0.5, & 2\leqslant x<3, \\ 1, & x\geqslant 3. \end{cases}$$

9. 设随机变量 X 的概率密度为

$$f(x)=\begin{cases} C\sin x, & 0<x<\pi, \\ 0, & \text{其他}, \end{cases}$$

求:(1) 常数 C;(2) 使 $P(X>a)=P(X<a)$ 成立的 a.

解 (1) $\quad 1=\int_{-\infty}^{+\infty} f(x)\mathrm{d}x = C\int_0^{\pi}\sin x\mathrm{d}x = -C\cos x\Big|_0^{\pi}=2C, C=\dfrac{1}{2}$;

(2) $\quad P(X>a)=\int_a^{\pi}\dfrac{1}{2}\sin x\mathrm{d}x=-\dfrac{1}{2}\cos x\Big|_a^{\pi}=\dfrac{1}{2}+\dfrac{1}{2}\cos a$,

$\quad P(X<a)=\int_0^a\dfrac{1}{2}\sin x\mathrm{d}x=-\dfrac{1}{2}\cos x\Big|_0^a=\dfrac{1}{2}-\dfrac{1}{2}\cos a$,

可见 $\cos a=0, a=\dfrac{\pi}{2}$.

10. 设随机变量 X 的分布函数为

$$F(x)=A+B\arctan x, \quad -\infty<x+\infty,$$

求:

(1) 系数 A 与 B;

(2) $P(-1<X\leqslant 1)$;

(3) X 的概率密度.

解 (1) 由分布函数的性质,有

$$\begin{cases} 0=F(-\infty)=A-B\cdot\dfrac{\pi}{2}, \\ 1=F(+\infty)=A+B\cdot\dfrac{\pi}{2}, \end{cases}$$

于是 $A=\dfrac{1}{2}, B=\dfrac{1}{\pi}$,所以 X 的分布函数为

$$F(x)=\dfrac{1}{2}+\dfrac{1}{\pi}\arctan x, \quad -\infty<x<+\infty.$$

(2) $P(-1<X\leqslant 1)=F(1)-F(-1)=\dfrac{1}{2}+\dfrac{1}{\pi}\cdot\dfrac{\pi}{4}-\left(\dfrac{1}{2}-\dfrac{1}{\pi}\cdot\dfrac{\pi}{4}\right)=\dfrac{1}{2}$;

（3） X 的概率密度为

$$f(x)=F'(x)=\frac{1}{\pi(1+x^2)},\quad -\infty<x<+\infty.$$

11. 已知随机变量 X 的概率密度为

$$f(x)=\frac{1}{2}e^{-|x|},-\infty<x<+\infty,$$

求 X 的分布函数.

解

$$F(x)=\int_{-\infty}^{x}f(u)\mathrm{d}u=\begin{cases}\dfrac{1}{2}\displaystyle\int_{-\infty}^{x}e^{u}\mathrm{d}u,&x\leqslant 0,\\[2mm]\displaystyle\int_{-\infty}^{0}\dfrac{1}{2}e^{x}\mathrm{d}x+\int_{0}^{x}\dfrac{1}{2}e^{-u}\mathrm{d}u,&x>0\end{cases}$$

$$=\begin{cases}\dfrac{1}{2}e^{x},&x\leqslant 0,\\[2mm]1-\dfrac{1}{2}e^{-x},&x>0.\end{cases}$$

12. 设随机变量 X 的概率密度为

$$f(x)=\begin{cases}x,&0\leqslant x<1,\\ 2-x,&1\leqslant x<2,\\ 0,&其他,\end{cases}$$

求 X 的分布函数.

解 $f(x)$ 的图形如图 3.1 所示，故 X 的分布函数为

$$F(x)=\int_{-\infty}^{x}f(u)\mathrm{d}u$$

$$=\begin{cases}0,&x<0,\\ \displaystyle\int_{0}^{x}u\mathrm{d}u,&0\leqslant x<1,\\ \displaystyle\int_{0}^{1}x\mathrm{d}x+\int_{1}^{x}(2-u)\mathrm{d}u,&1\leqslant x<2,\\ 1,&x\geqslant 2\end{cases}$$

$$=\begin{cases}0,&x<0,\\ \dfrac{x^2}{2},&0\leqslant x<1,\\ -\dfrac{x^2}{2}+2x-1,&1\leqslant x<2,\\ 1,&x\geqslant 2.\end{cases}$$

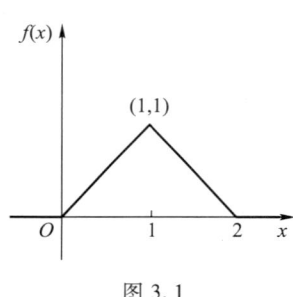

图 3.1

13. 设连续型随机变量 X 的分布函数为

$$F(x)=\begin{cases}0,&x\leqslant 0,\\ ax^2+bx,&0<x<1,\\ 1,&x\geqslant 1,\end{cases}$$

且 $P\left(X<\dfrac{1}{3}\right)=P\left(X>\dfrac{1}{3}\right)$，求常数 a 和 b.

解
$$P\left(X<\dfrac{1}{3}\right)=\dfrac{1}{9}a+\dfrac{1}{3}b,$$

$$P\left(X>\dfrac{1}{3}\right)=1-P\left(X\leqslant\dfrac{1}{3}\right)=1-\dfrac{1}{9}a-\dfrac{1}{3}b,$$

可见

$$\dfrac{1}{9}a+\dfrac{1}{3}b=\dfrac{1}{2}.$$

由于连续型随机变量的分布函数处处连续，则

$$F(1^-)=F(1),$$

即

$$a+b=1,$$

因此

$$a=-\dfrac{3}{4}, b=\dfrac{7}{4}.$$

14. 设电子管寿命 X 的概率密度为

$$f(x)=\begin{cases}\dfrac{100}{x^2}, & x>100,\\ 0, & \text{其他},\end{cases}$$

若一架收音机上装有三个这种电子管，求：

（1）使用的最初 150 h 内至少有两个电子管被烧坏的概率；
（2）在使用的最初 150 h 内烧坏的电子管数 Y 的分布列；
（3）Y 的分布函数．

解 Y 为在使用的最初 150 h 内烧坏的电子管数，$Y\sim B(3,p)$，其中

$$p=P(X\leqslant 150)=\int_{100}^{150}\dfrac{100}{x^2}\mathrm{d}x=\dfrac{1}{3}.$$

（1）所求概率为 $P(Y\geqslant 2)=P(Y=2)+P(Y=3)=C_3^2\left(\dfrac{1}{3}\right)^2\cdot\dfrac{2}{3}+\left(\dfrac{1}{3}\right)^3=\dfrac{7}{27}$；

（2）Y 的分布列为 $P(Y=k)=C_3^k\left(\dfrac{1}{3}\right)^k\left(\dfrac{2}{3}\right)^{3-k},k=0,1,2,3$，即

Y	0	1	2	3
P	$\dfrac{8}{27}$	$\dfrac{12}{27}$	$\dfrac{6}{27}$	$\dfrac{1}{27}$

（3）Y 的分布函数为

$$F(x) = \begin{cases} 0, & x<0, \\ \dfrac{8}{27}, & 0 \leqslant x<1, \\ \dfrac{20}{27}, & 1 \leqslant x<2, \\ \dfrac{26}{27}, & 2 \leqslant x<3, \\ 1, & x \geqslant 3. \end{cases}$$

15. 设随机变量 X 的概率密度为

$$f(x) = \begin{cases} 2x, & 0<x<1, \\ 0, & \text{其他}, \end{cases}$$

现对 X 进行 n 次独立重复观测,以 V_n 表示观测值不大于 0.1 的次数,试求随机变量 V_n 的分布列.

解 $V_n \sim B(n,p)$,其中

$$p = P(X \leqslant 0.1) = \int_0^{0.1} 2x \, dx = 0.01,$$

所以 V_n 的分布列为

$$P(V_n = k) = C_n^k 0.01^k 0.99^{n-k}, \quad k=0,1,\cdots,n.$$

16. 设随机变量 $X \sim U(1,6)$,求方程 $x^2 + Xx + 1 = 0$ 有实根的概率.

解 设 $A =$"方程有实根",则

$$A \text{ 发生} \Leftrightarrow X^2 - 4 \geqslant 0,$$

即 $|X| \geqslant 2$. 因为 $X \sim U(1,6)$,所以

$$A \text{ 发生} \Leftrightarrow X > 2,$$
$$P(A) = P(X > 2) = \frac{6-2}{6-1} = \frac{4}{5} = 0.8.$$

17. 设随机变量 $X \sim U[2,5]$. 现对 X 进行三次独立观测,试求至少有两次观测值大于 3 的概率.

解 设 Y 为三次观测中观测值大于 3 的次数,则 $Y \sim B(3,p)$,其中

$$p = P(X > 3) = \frac{5-3}{5-2} = \frac{2}{3},$$

所求概率为

$$P(Y \geqslant 2) = P(Y=2) + P(Y=3) = C_3^2 \left(\frac{2}{3}\right)^2 \left(\frac{1}{3}\right) + \left(\frac{2}{3}\right)^3 = \frac{20}{27}.$$

18. 设顾客在某银行窗口等待服务的时间 X(单位:min)服从参数为 $\dfrac{1}{5}$ 的指数分布. 若等待时间超过 10 min,则他就离开. 设他一个月内要来银行 5 次,以 Y 表示一个月内他没有等到服务而离开窗口的次数,求 Y 的分布列及 $P(Y \geqslant 1)$.

解 由题意 $Y \sim B(5,p)$,其中

$$p = P(X > 10) = \int_{10}^{+\infty} \frac{1}{5} e^{-\frac{x}{5}} dx = -e^{-\frac{x}{5}} \Big|_{10}^{+\infty} = e^{-2},$$

于是 Y 的分布列为

$$P(Y=k) = C_5^k (e^{-2})^k (1-e^{-2})^{5-k}, k=0,1,2,3,4,5,$$
$$P(Y \geq 1) = 1 - P(Y=0) = 1 - (1-e^{-2})^5 = 0.516\ 7.$$

19. 设一大型设备在任何长为 t 的时间内发生故障的次数 $N(t)$ 服从参数为 λt 的泊松分布. 求:

(1) 相继两次故障之间时间间隔 T 的分布;

(2) 在设备已经无故障工作了 8 h 的情况下,再无故障运行 8 h 的概率.

解 (1) 设 T 的分布函数为 $F_T(t)$,则
$$F_T(t) = P(T \leq t) = 1 - P(T>t).$$

事件 $\{T>t\}$ 表示两次故障的间隔时间超过 t,也就是说在时间 t 内没有发生故障,故 $N(t)=0$,于是
$$F_T(t) = 1 - P(T>t) = 1 - P(N(t)=0) = 1 - \frac{(\lambda t)^0}{0!} e^{-\lambda t} = 1 - e^{-\lambda t}, t>0.$$

可见, T 的分布函数为
$$F_T(t) = \begin{cases} 1-e^{-\lambda t}, & t>0, \\ 0, & t \leq 0, \end{cases}$$

即 T 服从参数为 λ 的指数分布.

(2) 所求概率为
$$P(T>16 \mid T>8) = \frac{P(T>16, T>8)}{P(T>8)} = \frac{P(T>16)}{P(>8)} = \frac{e^{-16\lambda}}{e^{-8\lambda}} = e^{-8\lambda}.$$

20. 设随机变量 $X \sim N(108, 3^2)$. 求:

(1) $P(101.1 < X < 117.6)$;

(2) 常数 a,使 $P(X<a) = 0.90$;

(3) 常数 a,使 $P(|X-a|>a) = 0.01$.

解 (1) $P(101.1 < X < 117.6) = \Phi\left(\frac{117.6-108}{3}\right) - \Phi\left(\frac{101.1-108}{3}\right)$
$$= \Phi(3.2) - \Phi(-2.3) = \Phi(3.2) + \Phi(2.3) - 1$$
$$= 0.999\ 3 + 0.989\ 3 - 1 = 0.988\ 6;$$

(2) $0.90 = P(X<a) = \Phi\left(\frac{a-108}{3}\right)$,查表知 $\frac{a-108}{3} = 1.28$,所以 $a = 111.84$;

(3) $0.01 = P(|X-a|>a) = 1 - P(|X-a| \leq a) = 1 - P(0 < X \leq 2a)$
$$= 1 - \Phi\left(\frac{2a-108}{3}\right) + \Phi\left(\frac{0-108}{3}\right),$$

因为 $\Phi(-36) = 0$,所以
$$\Phi\left(\frac{2a-108}{3}\right) = 0.99,$$

查标准正态分布函数值表知
$$\frac{2a-108}{3} = 2.33,$$

故 $a = 57.495$.

21. 设随机变量 $X \sim N(2, \sigma^2)$,且 $P(2<X<4) = 0.3$,求 $P(X<0)$.

解 因为

$$0.3 = P(2<X<4) = \Phi\left(\frac{4-2}{\sigma}\right) - \Phi(0),$$

所以

$$\Phi\left(\frac{2}{\sigma}\right) = 0.8,$$

$$P(X<0) = \Phi\left(\frac{0-2}{\sigma}\right) = \Phi\left(-\frac{2}{\sigma}\right) = 1 - \Phi\left(\frac{2}{\sigma}\right) = 0.2.$$

22. 设随机变量 $X \sim N(\mu, \sigma^2)$ $(\sigma>0)$,且二次方程 $y^2+4y+X=0$ 无实根的概率为 $\frac{1}{2}$,问 μ 应取什么值?

解 设 $A=$ "方程无实根",则 A 发生等价于 $4^2-4X<0$,所以

$$\frac{1}{2} = P(A) = P(16-4X<0) = P(X>4)$$

$$= 1 - P(X \leq 4) = 1 - \Phi\left(\frac{4-\mu}{\sigma}\right),$$

$$\Phi\left(\frac{4-\mu}{\sigma}\right) = \frac{1}{2} = \Phi(0),$$

$$\frac{4-\mu}{\sigma} = 0,$$

因此 $\mu = 4$.

23. 某地抽样调查结果表明,考生的外语成绩 X(百分制)近似服从正态分布,平均成绩(即参数 μ 之值)为 72 分,96 分以上的占考生总数的 2.3%,试求考生的外语成绩在 60 分至 84 分的概率.

解 因为

$$0.023 = P(X>96) = 1 - \Phi\left(\frac{96-72}{\sigma}\right) = 1 - \Phi\left(\frac{24}{\sigma}\right),$$

所以

$$\Phi\left(\frac{24}{\sigma}\right) = 0.977, \frac{24}{\sigma} = 2, \frac{12}{\sigma} = 1, \sigma = 12,$$

所求概率为

$$P(60<X<84) = \Phi\left(\frac{84-72}{12}\right) - \Phi\left(\frac{60-72}{12}\right) = \Phi\left(\frac{12}{12}\right) - \Phi\left(-\frac{12}{12}\right)$$

$$= 2\Phi\left(\frac{12}{12}\right) - 1 = 2 \times 0.8413 - 1 = 0.6826.$$

24. 假设测量的随机误差 $X \sim N(0, 10^2)$,试求在 100 次重复测量中,至少有三次测量误差的绝对值大于 19.6 的概率 α,并利用泊松分布求出 α 的近似值(要求小数点后取两位有效数字).

解 设 Y 为随机误差的绝对值大于 19.6 的测量次数,则 $Y \sim B(100, p)$,其中

$$p = P(|X| \geq 19.6) = 1 - P(-19.6<X \leq 19.6) = 1 - \Phi(1.96) + \Phi(-1.96)$$

$$= 2 - 2\Phi(1.96) = 2 - 2 \times 0.975 = 0.05,$$

所求概率为

$$\alpha = P(Y \geq 3) = \sum_{k=3}^{100} C_{100}^k 0.05^k 0.95^{100-k},$$

利用泊松定理,有
$$\alpha \approx \sum_{k=3}^{100} \frac{5^k}{k!} e^{-5} = 0.88.$$

25. 在电源电压不超过 200 V,200～240 V 和超过 240 V 三种情况下,某种电子元件损坏的概率分别为 0.1,0.001 和 0.2. 假设电源电压 X 服从正态分布 $N(220,25^2)$,试求:

（1）该电子元件损坏的概率 α；

（2）当该电子元件损坏时,电源电压在 200～240 V 的概率 β.

解 设 $A=$"电子元件损坏",$B_i=$"电源电压在第 i 档",$i=1,2,3$,则

（1） $\alpha = P(A) = P(B_1)P(A\mid B_1) + P(B_2)P(A\mid B_2) + P(B_3)P(A\mid B_3)$

$= P(X \leqslant 200) \times 0.1 + P(200 < X \leqslant 240) \times 0.001 + P(X>240) \times 0.2$

$= \varPhi\left(\dfrac{200-220}{25}\right) \times 0.1 + \left[\varPhi\left(\dfrac{240-220}{25}\right) - \varPhi\left(\dfrac{200-220}{25}\right)\right] \times 0.001 + \left[1-\varPhi\left(\dfrac{240-220}{25}\right)\right] \times 0.2$

$= \varPhi\left(-\dfrac{20}{25}\right) \times 0.1 + \left[\varPhi\left(\dfrac{20}{25}\right) - \varPhi\left(-\dfrac{20}{25}\right)\right] \times 0.001 + \left[1-\varPhi\left(\dfrac{20}{25}\right)\right] \times 0.2$

$= (1-0.7881) \times 0.1 + (2 \times 0.7881 - 1) \times 0.001 + (1-0.7881) \times 0.2$

$= 0.0641$；

（2） $\beta = P(B_2 \mid A) = \dfrac{P(B_2)P(A \mid B_2)}{0.0641} = \dfrac{0.005762}{0.0641} = 0.008989.$

26. 假设随机变量 X 的绝对值不大于 1,$P(X=-1)=\dfrac{1}{8}$,$P(X=1)=\dfrac{1}{4}$. 在事件 $\{-1<X<1\}$ 出现的条件下,X 在 $(-1,1)$ 内任一子区间上取值的条件概率与该子区间长度成正比. 试求:

（1）X 的分布函数；

（2）X 取负值的概率 p.

解1 （1）设 X 的分布函数为 $F(x)$,则

当 $x<-1$ 时,$F(x)=0$,且 $F(-1)=\dfrac{1}{8}$；

当 $x \geqslant 1$ 时,$F(x)=1$,$P(-1<X<1)=1-\dfrac{1}{8}-\dfrac{1}{4}=\dfrac{5}{8}$；

当 $-1<x<1$ 时,由题意,有

$$P(-1<X \leqslant x \mid -1<X<1) = k(x+1),$$

而

$$1 = P(-1<X<1 \mid -1<X<1) = 2k,$$

所以 $k=\dfrac{1}{2}$,于是

$$P(-1<X \leqslant x \mid -1<X<1) = \dfrac{x+1}{2},$$

此时

$$F(x) = P(-1<X \leqslant x) + F(-1)$$
$$= P(-1<X \leqslant x, -1<X<1) + \dfrac{1}{8}$$

$$= P(-1<X<1)P(-1<X\leqslant x \mid -1<X<1) + \frac{1}{8}$$

$$= \frac{5}{8} \cdot \frac{x+1}{2} + \frac{1}{8} = \frac{5x+7}{16}.$$

故 X 的分布函数为

$$F(x) = \begin{cases} 0, & x<-1, \\ \dfrac{5x+7}{16}, & -1\leqslant x<1, \\ 1, & x\geqslant 1. \end{cases}$$

（2）
$$p = P(X<0) = F(0) - P(X=0) = \frac{7}{16}.$$

解 2 （1）设 X 的分布函数为 $F(x)$，则

当 $x<-1$ 时，$F(x)=0$ 且 $F(-1)=\dfrac{1}{8}$；

当 $x\geqslant 1$ 时，$F(x)=1$；

当 $-1<x<1$ 时，设 $x, x+\Delta x \in (-1,1)$，且 $\Delta x>0$，由题意，有

$$P(x<X\leqslant x+\Delta x \mid -1<X<1) = k\Delta x,$$

即

$$\frac{P(x<X\leqslant x+\Delta x, -1<X<1)}{P(-1<X<1)} = k\Delta x,$$

由此得

$$P(x<X\leqslant x+\Delta x) = \frac{5}{8}k\Delta x.$$

两边同除以 Δx 得

$$\frac{F(x+\Delta x) - F(x)}{\Delta x} = \frac{5}{8}k.$$

令 $\Delta x \to 0$，取极限得

$$F'(x) = \frac{5}{8}k.$$

两边积分得

$$F(x) = \frac{5}{8}kx + C.$$

由 $F(-1)=\dfrac{1}{8}$ 及 $\lim\limits_{x\to 1^-}F(x)=\dfrac{3}{4}$ 得

$$\begin{cases} \dfrac{1}{8} = -\dfrac{5}{8}k + C, \\ \dfrac{3}{4} = \dfrac{5}{8}k + C, \end{cases}$$

解之得 $C=\dfrac{7}{16}, k=\dfrac{1}{2}$，故

$$F(x) = \frac{5x}{16} + \frac{7}{16} = \frac{5x+7}{16}, \quad -1 < x < 1.$$

综上所述,X 的分布函数为

$$F(x) = \begin{cases} 0, & x < -1, \\ \dfrac{5x+7}{16}, & -1 \leqslant x < 1, \\ 1, & x \geqslant 1. \end{cases}$$

(2) $$p = P(X<0) = F(0) - P(X=0) = \frac{7}{16}.$$

27. 已知离散型随机变量 X 的分布列为

X	-2	-1	0	1	3
P	$\dfrac{1}{5}$	$\dfrac{1}{6}$	$\dfrac{1}{5}$	$\dfrac{1}{15}$	$\dfrac{11}{30}$

求 $Y = X^2$ 的分布列.

解 Y 的分布列为

Y	0	1	4	9
P	$\dfrac{1}{5}$	$\dfrac{7}{30}$	$\dfrac{1}{5}$	$\dfrac{11}{30}$

28. 设随机变量 X 的概率密度为

$$f_X(x) = \begin{cases} e^{-x}, & x \geqslant 0, \\ 0, & x < 0, \end{cases}$$

求 $Y = e^X$ 的概率密度 $f_Y(y)$.

解 1 当 $x > 0$ 时,函数 $y = e^x$ 严格单调递增,反函数为 $x = h(y) = \ln y$,于是 $Y = e^X$ 的概率密度为

$$f_Y(y) = f_X(h(y)) \mid h'(y) \mid = \begin{cases} e^{-\ln y} \cdot \dfrac{1}{y}, & y \geqslant 1, \\ 0, & y \leqslant 1 \end{cases} = \begin{cases} \dfrac{1}{y^2}, & y \geqslant 1, \\ 0, & y < 1. \end{cases}$$

解 2 设 Y 的分布函数为 $F_Y(y)$,则

$$F_Y(y) = P(Y \leqslant y) = P(e^X \leqslant y) = \begin{cases} 0, & y < 1, \\ P(X \leqslant \ln y), & y \geqslant 1 \end{cases}$$

$$= \begin{cases} 0, & y < 1, \\ \int_0^{\ln y} e^{-x} dx, & y \geqslant 1 \end{cases} = \begin{cases} 0, & y < 1, \\ -e^{-x} \big|_0^{\ln y}, & y \geqslant 1 \end{cases}$$

$$= \begin{cases} 0, & y < 1, \\ 1 - e^{-\ln y}, & y \geqslant 1, \end{cases} = \begin{cases} 0, & y < 1, \\ 1 - \dfrac{1}{y}, & y \geqslant 1, \end{cases}$$

$$f_Y(y) = F_Y'(y) = \begin{cases} \dfrac{1}{y^2}, & y \geqslant 1, \\ 0, & y < 1. \end{cases}$$

29. 设随机变量 X 的概率密度为
$$f_X(x) = \frac{1}{\pi(1+x^2)}, \quad -\infty < x < \infty,$$
求随机变量 $Y = 1 - \sqrt[3]{X}$ 的概率密度 $f_Y(y)$.

解 1 函数 $y = 1 - \sqrt[3]{x}$ 严格单调，反函数为 $x = h(y) = (1-y)^3$，则
$$f_Y(y) = f_X(h(y))|h'(y)| = \frac{3(1-y)^2}{\pi[1+(1-y)^6]}, \quad -\infty < y < +\infty.$$

解 2 设 Y 的分布函数为 $F_Y(y)$，则
$$F_Y(y) = P(Y \leq y) = P(1 - \sqrt[3]{X} \leq y) = P(\sqrt[3]{X} \geq 1-y) = 1 - P(X \leq (1-y)^3)$$
$$= 1 - F_X((1-y)^3),$$
所以
$$f_Y(y) = f_X((1-y)^3) \times 3(1-y)^2 = \frac{3(1-y)^2}{\pi[1+(1-y)^6]}, \quad -\infty < y < +\infty.$$

30. 设 $X \sim U(0,1)$，求：(1) $Y = e^X$ 的概率密度；(2) $Y = -2\ln X$ 的概率密度.

解 X 的概率密度为
$$f_X(x) = \begin{cases} 1, & 0 < x < 1, \\ 0, & \text{其他}. \end{cases}$$

(1) $y = e^x$ 在 $(0,1)$ 上严格单调递增，反函数为 $x = h(y) = \ln y$，所以 Y 的概率密度为
$$f_Y(y) = \begin{cases} \dfrac{1}{y}, & 1 < y < e, \\ 0, & \text{其他}; \end{cases}$$

(2) $y = -2\ln x$ 在 $(0,1)$ 上严格单调递减，反函数为 $x = h(y) = e^{-\frac{y}{2}}$，所以 Y 的概率密度为
$$f_Y(y) = \begin{cases} \dfrac{1}{2}e^{-\frac{y}{2}}, & y > 0, \\ 0, & y \leq 0. \end{cases}$$

31. 设 $X \sim N(0,1)$，求 $Y = |X|$ 的概率密度.

解 函数 $y = |x|$ 在 $(-\infty, 0)$ 上严格单调递减，反函数为 $x = h_1(y) = -y$；在 $[0, +\infty)$ 上严格单调递增，反函数为 $x = h_2(y) = y$，所以 Y 的概率密度为
$$f_Y(y) = \begin{cases} f_X(h_1(y))|h_1'(y)| + f_X(h_2(y))|h_2'(y)|, & y > 0, \\ 0, & y \leq 0, \end{cases}$$
即
$$f_Y(y) = \begin{cases} \sqrt{\dfrac{2}{\pi}}\, e^{-\frac{y^2}{2}}, & y > 0, \\ 0, & y \leq 0. \end{cases}$$

32. 设随机变量 X 服从参数为 2 的指数分布，试证：$Y = 1 - e^{-2X}$ 在区间 $(0,1)$ 上服从均匀分布.

证 只须证明 Y 的分布函数为
$$F_Y(y) = \begin{cases} 0, & y \leq 0, \\ y, & 0 < y < 1, \\ 1, & y \geq 1, \end{cases}$$

$$F_Y(y) = P(Y \leq y) = P(1 - e^{-2X} \leq y) = \begin{cases} 0, & y \leq 0, \\ P(e^{-2X} \geq 1 - y), & 0 < y < 1, \\ 1, & y \geq 1 \end{cases}$$

$$= \begin{cases} 0, & y \leq 0, \\ P(-2X \geq \ln(1-y)), & 0 < y < 1, \\ 1, & y \geq 1 \end{cases}$$

$$= \begin{cases} 0, & y \leq 0, \\ P(X \leq \ln(1-y)^{-\frac{1}{2}}), & 0 < y < 1, \\ 0, & y \geq 1 \end{cases}$$

$$= \begin{cases} 0, & y \leq 0, \\ F_X(\ln(1-y)^{-\frac{1}{2}}), & 0 < y < 1, \\ 1, & y \geq 1 \end{cases}$$

$$= \begin{cases} 0, & y \leq 0, \\ 1 - e^{-2\ln(1-y)^{-\frac{1}{2}}}, & 0 < y < 1, \\ 1, & y \geq 1 \end{cases}$$

$$= \begin{cases} 0, & y \leq 0, \\ y, & 0 < y < 1, \\ 1, & y \geq 1. \end{cases}$$

33. 设随机变量 X 的概率密度为

$$f(x) = \begin{cases} \dfrac{2x}{\pi^2}, & 0 < x < \pi, \\ 0, & \text{其他,} \end{cases}$$

求 $Y = \sin X$ 的概率密度.

解 1 函数 $y = \sin x$ 在 $\left(0, \dfrac{\pi}{2}\right]$ 上严格单调递增,反函数为 $x = h_1(y) = \arcsin y$;函数 $y = \sin x$ 在 $\left(\dfrac{\pi}{2}, \pi\right)$ 内严格单调递减,反函数为 $x = h_2(y) = \pi - \arcsin y$. Y 的概率密度为

$$f_Y(y) = f(\arcsin y)\dfrac{1}{\sqrt{1-y^2}} + f(\pi - \arcsin y)\dfrac{1}{\sqrt{1-y^2}}$$

$$= \begin{cases} \dfrac{2\arcsin y}{\pi^2}\dfrac{1}{\sqrt{1-y^2}} + \dfrac{2\pi - 2\arcsin y}{\pi^2}\dfrac{1}{\sqrt{1-y^2}}, & 0 < y < 1, \\ 0, & \text{其他} \end{cases}$$

$$= \begin{cases} \dfrac{2}{\pi\sqrt{1-y^2}}, & 0 < y < 1, \\ 0, & \text{其他.} \end{cases}$$

解 2 设 Y 的分布函数为 $F_Y(y)$,则

$$F_Y(y) = P(Y \leq y) = P(\sin X \leq y) = P((0 \leq X \leq \arcsin y) \cup (\pi \geq X \geq \pi - \arcsin y))$$

$$= P(X \leqslant \arcsin y) + 1 - P(X \leqslant \pi - \arcsin y)$$
$$= F_X(\arcsin y) + 1 - F_X(\pi - \arcsin y),$$

所以
$$f_Y(y) = f(\arcsin y)\frac{1}{\sqrt{1-y^2}} + f(\pi - \arcsin y)\frac{1}{\sqrt{1-y^2}}$$
$$= \begin{cases} \dfrac{2}{\pi\sqrt{1-y^2}}, & 0 < y < 1, \\ 0, & 其他. \end{cases}$$

34. 设随机变量 X 服从参数为 $\dfrac{3}{4}$ 的几何分布,求 $Y = X^2$ 的分布列.

解 $X \sim G\left(\dfrac{3}{4}\right)$,即
$$P(X = k) = \left(\frac{1}{4}\right)^{k-1}\frac{3}{4}, k = 1, 2, 3, \cdots,$$

因此
$$P(Y = y) = P(X^2 = y) = P(X = \sqrt{y})$$
$$= \left(\frac{1}{4}\right)^{\sqrt{y}-1}\frac{3}{4}, \quad y = 1, 4, 9, \cdots.$$

35. 设随机变量 X 的概率密度为
$$f(x) = \begin{cases} \dfrac{1}{3\sqrt[3]{x^2}}, & 1 \leqslant x \leqslant 8, \\ 0, & 其他, \end{cases}$$

$F(x)$ 是 X 的分布函数,求随机变量 $Y = F(X)$ 的分布函数.

解 X 的分布函数为
$$F(x) = \begin{cases} 0, & x \leqslant 1, \\ \sqrt[3]{x}, & 1 < x < 8, \\ 1, & x \geqslant 8, \end{cases}$$

随机变量 $Y = F(X)$ 取值为 $[0,1]$,设 Y 的分布函数为 $F_Y(y)$.

当 $y < 0$ 时, $F_Y(y) = 0$;

当 $y \geqslant 1$ 时, $F_Y(y) = 1$;

当 $0 \leqslant y < 1$ 时, $F_Y(y) = P(Y \leqslant y) = P(F(X) \leqslant y) = P(\sqrt[3]{X} \leqslant y) = y.$

故 Y 的分布函数为
$$F_Y(y) = \begin{cases} 0, & y < 0, \\ y, & 0 \leqslant y < 1, \\ 1, & y \geqslant 1. \end{cases}$$

36. 设随机变量 $X \sim U[0,1]$,随机变量 $Y = X^2 - 4X + 1$,求随机变量 Y 的概率密度 $f_Y(y)$.

解 X 的概率密度为
$$f_X(x) = \begin{cases} 1, & 0 < x < 1, \\ 0, & 其他, \end{cases}$$

函数 $y=x^2-4x+1$ 在 $(0,1)$ 上严格单调递减,反函数 $x=2-\sqrt{y+3}$,所以 Y 的概率密度为

$$f_Y(y)=\begin{cases}\dfrac{1}{2\sqrt{y+3}}, & -2<y<1, \\ 0, & \text{其他}.\end{cases}$$

37. 设随机变量 X 的概率密度为

$$f(x)=C\mathrm{e}^{-\frac{|x|}{a}}\quad(a>0).$$

（1）试确定常数 C；

（2）求 X 的分布函数；

（3）求 $P(|X|<2)$；

（4）求 $Y=\dfrac{1}{4}X^2$ 的概率密度.

解　（1）$\quad 1=\displaystyle\int_{-\infty}^{+\infty}f(x)\,\mathrm{d}x=\int_{-\infty}^{+\infty}C\mathrm{e}^{-\frac{|x|}{a}}\mathrm{d}x=C\cdot 2\int_{0}^{+\infty}\mathrm{e}^{-\frac{x}{a}}\mathrm{d}x=2aC,$

于是 $C=\dfrac{1}{2a}$；

（2）X 的分布函数为

$$F(x)=P(X\leqslant x)=\int_{-\infty}^{x}f(t)\,\mathrm{d}t$$

$$=\begin{cases}\displaystyle\int_{-\infty}^{x}\dfrac{1}{2a}\mathrm{e}^{\frac{t}{a}}\mathrm{d}t, & x<0, \\ \displaystyle\int_{-\infty}^{0}\dfrac{1}{2a}\mathrm{e}^{\frac{x}{a}}\mathrm{d}x+\int_{0}^{x}\dfrac{1}{2a}\mathrm{e}^{-\frac{t}{a}}\mathrm{d}t, & x\geqslant 0\end{cases}$$

$$=\begin{cases}\dfrac{1}{2}\mathrm{e}^{\frac{x}{a}}, & x<0, \\ 1-\dfrac{1}{2}\mathrm{e}^{-\frac{x}{a}}, & x\geqslant 0;\end{cases}$$

（3）$\quad P(|X|<2)=P(-2<X<2)=F(2)-F(-2)$

$$=\int_{-2}^{2}\dfrac{1}{2a}\mathrm{e}^{-\frac{|x|}{a}}\mathrm{d}x=1-\mathrm{e}^{-\frac{2}{a}};$$

（4）函数 $y=\dfrac{1}{4}x^2$ 在 $(-\infty,0)$ 上严格单调递减,反函数 $x=h_1(y)=-2\sqrt{y}$；函数 $y=\dfrac{1}{4}x^2$ 在 $[0,+\infty)$ 上严格单调递增,反函数 $x=h_2(y)=2\sqrt{y}$. 所以 Y 的概率密度为

$$f_Y(y)=\begin{cases}\dfrac{1}{a}y^{-\frac{1}{2}}\mathrm{e}^{-\frac{2\sqrt{y}}{a}}, & y>0, \\ 0, & y\leqslant 0.\end{cases}$$

典型例题讲解

第4章 多维随机变量及其分布

习 题 4

1. 一个袋子中装有四个球,它们上面分别标有数字1,2,2,3.今从袋中任取一球后不放回,再从袋中任取一球,以 X,Y 分别表示第一次、第二次取出的球上的标号,求 (X,Y) 的分布列.

解 (X,Y) 的分布列为

X	Y		
	1	2	3
1	0	$\frac{1}{6}$	$\frac{1}{12}$
2	$\frac{1}{6}$	$\frac{1}{6}$	$\frac{1}{6}$
3	$\frac{1}{12}$	$\frac{1}{6}$	0

其中

$$P(X=1,Y=1)=P(X=1)P(Y=1\mid X=1)=0,$$
$$P(X=1,Y=2)=P(X=1)P(Y=2\mid X=1)$$
$$=\frac{1}{4}\times\frac{2}{3}=\frac{1}{6},$$

余者类推.

2. 将一枚硬币连掷三次,以 X 表示在三次中出现正面的次数,以 Y 表示在三次中出现正面的次数与出现反面的次数之差的绝对值,试写出 (X,Y) 的分布列及边缘分布列.

解 一枚硬币连掷三次相当于三重伯努利试验,故 $X\sim B\left(3,\frac{1}{2}\right)$, $P(X=k)=C_3^k\left(\frac{1}{2}\right)^3, k=0,1,2,3$,于是 (X,Y) 的分布列和边缘分布列为

Y	X				$p_{\cdot j}$
	0	1	2	3	
1	0	$\frac{3}{8}$	$\frac{3}{8}$	0	$\frac{6}{8}$
3	$\frac{1}{8}$	0	0	$\frac{1}{8}$	$\frac{2}{8}$
$p_{i\cdot}$	$\frac{1}{8}$	$\frac{3}{8}$	$\frac{3}{8}$	$\frac{1}{8}$	

其中
$$P(X=0,Y=1)=P(X=0)P(Y=1\mid X=0)=0,$$
$$P(X=1,Y=1)=P(X=1)P\{Y=1\mid X=1\}=C_3^1\left(\frac{1}{2}\right)^3\times 1=\frac{3}{8},$$

余者类推.

3. 设二维随机变量 (X,Y) 的概率密度为
$$f(x,y)=\begin{cases}\dfrac{1}{8}(6-x-y), & 0<x<2, 2<y<4,\\ 0, & \text{其他},\end{cases}$$

又（1） $D=\{(x,y)\mid x<1,y<3\}$；（2） $D=\{(x,y)\mid x+y<3\}$. 求 $P((X,Y)\in D)$.

解 区域 $\{(x,y)\mid x<1,y<3\}$，$\{(x,y)\mid x+y<3\}$ 与 $\{(x,y)\mid 0<x<2,2<y<4\}$，如图 4.1 所示.

（1） $P((x,y)\in D)=\int_0^1\left[\int_2^3\dfrac{1}{8}(6-x-y)\mathrm{d}y\right]\mathrm{d}x$

$=\dfrac{1}{8}\left(6-\dfrac{1}{2}-\dfrac{9-4}{2}\right)=\dfrac{3}{8};$

（2） $P((X,Y)\in D)=\int_0^1\left[\int_2^{3-x}\dfrac{1}{8}(6-x-y)\mathrm{d}y\right]\mathrm{d}x$

$=\dfrac{1}{8}\left\{3-\int_0^1 x(1-x)\mathrm{d}x-\dfrac{1}{2}\int_0^1\left[(3-x)^2-4\right]\mathrm{d}x\right\}$

$=\dfrac{5}{24}.$

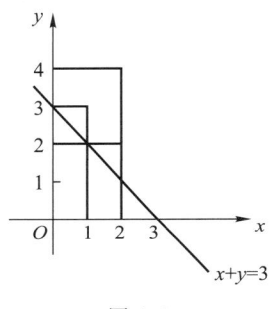

图 4.1

4. 设二维随机变量 (X,Y) 的概率密度为
$$f(x,y)=\begin{cases}C(R-\sqrt{x^2+y^2}), & x^2+y^2\leqslant R^2,\\ 0, & \text{其他},\end{cases}$$

求：

（1）系数 C；

（2）(X,Y) 落在圆域 $x^2+y^2\leqslant r^2(r<R)$ 内的概率.

解 （1） $1=C\iint\limits_{x^2+y^2\leqslant R^2}(R-\sqrt{x^2+y^2})\mathrm{d}x\mathrm{d}y=C\pi R^3-C\int_0^{2\pi}\mathrm{d}\theta\int_0^R r^2\mathrm{d}r$

$=C\left(\pi R^3-\dfrac{2\pi R^3}{3}\right)=C\dfrac{\pi R^3}{3},$

于是 $C=\dfrac{3}{\pi R^3}$；

（2）设 $D=\{(x,y)\mid x^2+y^2\leqslant r^2\}$，所求概率为

$P((X,Y)\in D)=\iint\limits_{x^2+y^2\leqslant r^2}\dfrac{3}{\pi R^3}(R-\sqrt{x^2+y^2})\mathrm{d}x\mathrm{d}y$

$=\dfrac{3}{\pi R^3}\left[\pi Rr^2-\dfrac{2\pi r^3}{3}\right]=\dfrac{3r^2}{R^2}\left(1-\dfrac{2r}{3R}\right).$

5. 已知随机变量 X 和 Y 的联合概率密度为

$$f(x,y) = \begin{cases} 4xy, & 0 \leq x \leq 1, 0 \leq y \leq 1, \\ 0, & \text{其他}, \end{cases}$$

求 X 和 Y 的联合分布函数.

解1 设 (X,Y) 的分布函数为 $F(x,y)$,则

$$F(x,y) = \int_{-\infty}^{x}\int_{+\infty}^{y} f(u,v)\,\mathrm{d}u\mathrm{d}v = \begin{cases} 0, & x<0 \text{ 或 } y<0, \\ \int_0^x \int_0^y 4uv\,\mathrm{d}u\mathrm{d}v, & 0 \leq x \leq 1, 0 \leq y \leq 1, \\ \int_0^x \int_0^1 4uv\,\mathrm{d}u\mathrm{d}u, & 0 \leq x \leq 1, y>1, \\ \int_0^1 \int_0^y 4uv\,\mathrm{d}u\mathrm{d}v, & x>1, 0 \leq y \leq 1, \\ 1, & x>1, y>1 \end{cases}$$

$$= \begin{cases} 0, & x<0 \text{ 或 } y<0, \\ x^2 y^2, & 0 \leq x \leq 1, 0 \leq y \leq 1, \\ x^2, & 0 \leq x \leq 1, y>1, \\ y^2, & x>1, 0 \leq y \leq 1, \\ 1, & x>1, y>1. \end{cases}$$

解2 由联合概率密度可见,X,Y 相互独立,边缘概率密度分别为

$$f_X(x) = \begin{cases} 2x, & 0 \leq x \leq 1, \\ 0, & \text{其他}, \end{cases}$$

$$f_Y(y) = \begin{cases} 2y, & 0 \leq y \leq 1, \\ 0, & \text{其他}, \end{cases}$$

设边缘分布函数分别为 $F_X(x), F_Y(y)$,则

$$F_X(x) = \int_{-\infty}^{x} f_X(u)\,\mathrm{d}u = \begin{cases} 0, & x<0, \\ x^2, & 0 \leq x \leq 1, \\ 1, & x>1, \end{cases}$$

$$F_Y(y) = \int_{-\infty}^{y} f_Y(v)\,\mathrm{d}v = \begin{cases} 0, & y<0, \\ y^2, & 0 \leq y \leq 1, \\ 1, & y>1. \end{cases}$$

设 (X,Y) 的分布函数为 $F(x,y)$,则

$$F(x,y) = F_X(x) F_Y(y) = \begin{cases} 0, & x<0 \text{ 或 } y<0, \\ x^2 y^2, & 0 \leq x \leq 1, 0 \leq y \leq 1 \\ x^2, & 0 \leq x \leq 1, y>1, \\ y^2, & x>1, 0 \leq y \leq 1, \\ 1, & x>1, y>1. \end{cases}$$

6. 设二维随机变量 (X,Y) 在区域 $D = \{(x,y) \mid 0<x<1, |y|<x\}$ 内服从均匀分布,求边缘概率密度.

解 区域 D 如图 4.2 所示. (X,Y) 的概率密度为

$$f(x,y) = \begin{cases} 1, & (x,y) \in D, \\ 0, & \text{其他}, \end{cases}$$

关于 X 和 Y 的边缘概率密度分别为

$$f_X(x) = \int_{-\infty}^{+\infty} f(x,y)\,dy = \begin{cases} \int_{-x}^{x} dy, & 0<x<1 \\ 0, & \text{其他} \end{cases} = \begin{cases} 2x, & 0<x<1, \\ 0, & \text{其他}, \end{cases}$$

$$f_Y(y) = \int_{-\infty}^{+\infty} f(x,y)\,dx = \begin{cases} 0, & y \le -1, \\ \int_{-y}^{1} dx, & -1<y\le 0, \\ \int_{y}^{1} dx, & 0<y<1, \\ 0, & y \ge 1 \end{cases} = \begin{cases} 1+y, & -1<y\le 0, \\ 1-y, & 0<y<1, \\ 0, & \text{其他} \end{cases}$$

$$= \begin{cases} 1-|y|, & |y|<1, \\ 0, & \text{其他}. \end{cases}$$

7. 设二维随机变量 (X,Y) 的概率密度为

$$f(x,y) = \begin{cases} e^{-y}, & 0<x<y, \\ 0, & \text{其他}, \end{cases}$$

求边缘概率密度和概率 $P(X+Y \le 1)$.

解 区域 $\{(x,y) \mid 0<x<y, x+y \le 1\}$ 如图 4.3 所示.

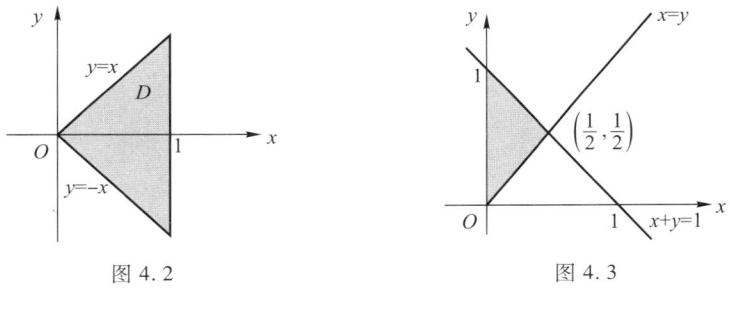

图 4.2   图 4.3

$$f_X(x) = \int_{-\infty}^{+\infty} f(x,y)\,dy = \begin{cases} 0, & x \le 0, \\ \int_{x}^{+\infty} e^{-y}\,dy, & x>0 \end{cases} = \begin{cases} 0, & x \le 0, \\ e^{-x}, & x>0, \end{cases}$$

$$f_Y(y) = \int_{-\infty}^{+\infty} f(x,y)\,dx = \begin{cases} 0, & y \le 0, \\ \int_{0}^{y} e^{-y}\,dx, & y>0 \end{cases} = \begin{cases} 0, & y \le 0, \\ y e^{-y}, & y>0, \end{cases}$$

$$P(X+Y \le 1) = \iint\limits_{x+y \le 1} f(x,y)\,dx\,dy = \int_{0}^{\frac{1}{2}} \left(\int_{x}^{1-x} e^{-y}\,dy \right) dx = \int_{0}^{\frac{1}{2}} (e^{-x} - e^{-1}e^{x})\,dx$$

$$= 1 - 2e^{-\frac{1}{2}} + e^{-1}.$$

8. 一电子仪器由两个部件组成,以 X 和 Y 分别表示两个部件的寿命(单位:10^3 h),已知 X,Y 的联合分布函数为

$$F(x,y)=\begin{cases}1-e^{-0.5x}-e^{-0.5y}+e^{-0.5(x+y)}, & x\geqslant 0, y\geqslant 0,\\ 0, & \text{其他},\end{cases}$$

（1）问 X 与 Y 是否相互独立？为什么？

（2）求两个部件的寿命都超过 100 h 的概率.

解 （1）先求边缘分布函数

$$F_X(x)=\lim_{y\to+\infty}F(x,y)=\begin{cases}1-e^{-0.5x}, & x\geqslant 0,\\ 0, & x<0,\end{cases}$$

$$F_Y(y)=\lim_{x\to+\infty}F(x,y)=\begin{cases}1-e^{-0.5y}, & y\geqslant 0,\\ 0, & y<0,\end{cases}$$

因为 $F(x,y)=F_X(x)F_Y(y)$，所以 X 与 Y 相互独立.

（2）$P(X\geqslant 0.1,Y\geqslant 0.1)=P(X\geqslant 0.1)P(Y\geqslant 0.1)=[1-P(X\leqslant 0.1)][1-P(Y\leqslant 0.1)]$
$=e^{-0.05}e^{-0.05}=e^{-0.1}.$

9. 设二维随机变量 (X,Y) 的概率密度为

$$f(x,y)=\begin{cases}e^{-(x+y)}, & x\geqslant 0, y\geqslant 0,\\ 0, & \text{其他},\end{cases}$$

问 X 与 Y 是否相互独立？

解 边缘概率密度分别为

$$f_X(x)=\int_{-\infty}^{+\infty}f(x,y)\mathrm{d}y=\begin{cases}0, & x<0,\\ \int_0^{+\infty}e^{-x}e^{-y}\mathrm{d}y, & x>0\end{cases}=\begin{cases}0, & x<0,\\ e^{-x}, & x\geqslant 0,\end{cases}$$

$$f_Y(y)=\begin{cases}0, & y<0,\\ e^{-y}, & y\geqslant 0,\end{cases}$$

因为 $f(x,y)=f_X(x)f_Y(y)$，所以 X 与 Y 相互独立.

10. 设二维随机变量 (X,Y) 的概率密度为

$$f(x,y)=\begin{cases}8xy, & 0\leqslant x<y<1,\\ 0, & \text{其他},\end{cases}$$

问 X 与 Y 是否相互独立？

解 区域 $\{(x,y)\mid 0\leqslant x<y<1\}$ 如图 4.4 所示. 边缘概率密度分别为

$$f_X(x)=\int_{-\infty}^{+\infty}f(x,y)\mathrm{d}y=\begin{cases}\int_x^1 8xy\mathrm{d}y, & 0\leqslant x\leqslant 1,\\ 0, & \text{其他}\end{cases}=\begin{cases}4x(1-x^2), & 0\leqslant x\leqslant 1,\\ 0, & \text{其他},\end{cases}$$

$$f_Y(y)=\int_{-\infty}^{+\infty}f(x,y)\mathrm{d}x=\begin{cases}\int_0^y 8xy\mathrm{d}x, & 0\leqslant y\leqslant 1,\\ 0, & \text{其他}\end{cases}=\begin{cases}4y^3, & 0\leqslant y\leqslant 1,\\ 0, & \text{其他},\end{cases}$$

因为 $f(x,y)\neq f_X(x)f_Y(y)$，所以 X 与 Y 不相互独立.

11. 设二维随机变量 (X,Y) 的概率密度为

$$f(x,y)=\begin{cases}\dfrac{1+xy}{4}, & |x|<1, |y|<1,\\ 0, & \text{其他},\end{cases}$$

试证:X 与 Y 不相互独立,但 X^2 与 Y^2 是相互独立的.

证 区域 $\{(x,y)\mid |x|<1,|y|<1\}$ 如图 4.5 所示. 先求 X,Y 的联合分布函数 $F(x,y)$:

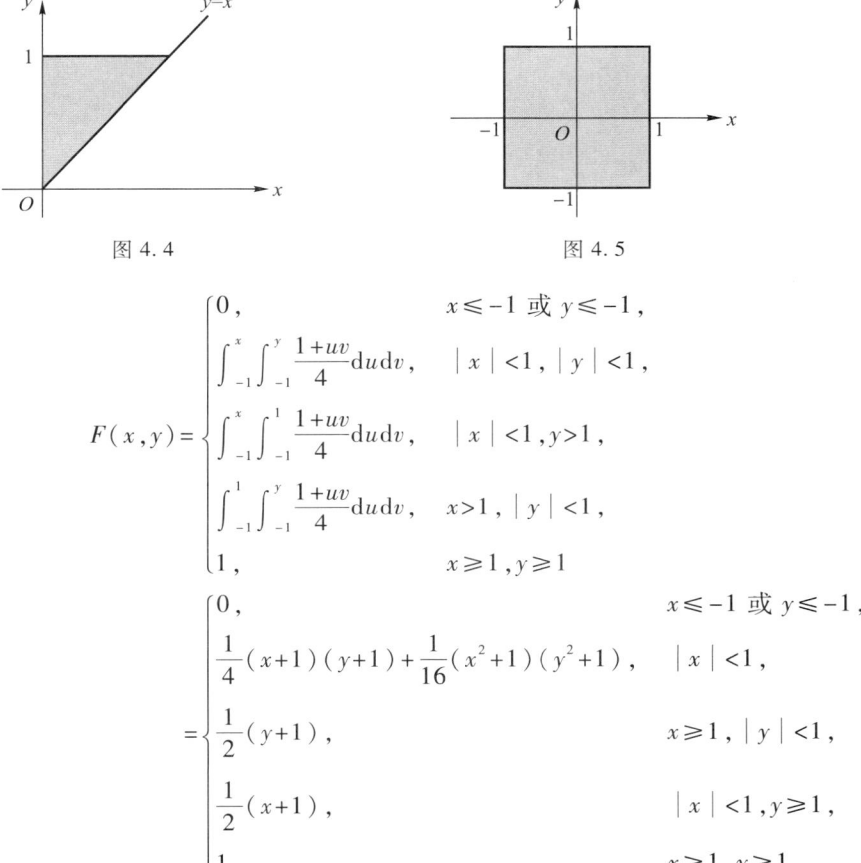

图 4.4　　　　　　　　图 4.5

$$F(x,y)=\begin{cases}0, & x\leq -1 \text{ 或 } y\leq -1,\\ \int_{-1}^{x}\int_{-1}^{y}\dfrac{1+uv}{4}\mathrm{d}u\mathrm{d}v, & |x|<1,|y|<1,\\ \int_{-1}^{x}\int_{-1}^{1}\dfrac{1+uv}{4}\mathrm{d}u\mathrm{d}v, & |x|<1,y>1,\\ \int_{-1}^{1}\int_{-1}^{y}\dfrac{1+uv}{4}\mathrm{d}u\mathrm{d}v, & x>1,|y|<1,\\ 1, & x\geq 1,y\geq 1\end{cases}$$

$$=\begin{cases}0, & x\leq -1 \text{ 或 } y\leq -1,\\ \dfrac{1}{4}(x+1)(y+1)+\dfrac{1}{16}(x^2+1)(y^2+1), & |x|<1,\\ \dfrac{1}{2}(y+1), & x\geq 1,|y|<1,\\ \dfrac{1}{2}(x+1), & |x|<1,y\geq 1,\\ 1, & x\geq 1,y\geq 1,\end{cases}$$

关于 X 的边缘分布函数为

$$F_X(x)=\lim_{y\to +\infty}F(x,y)=\begin{cases}0, & x<-1,\\ \dfrac{1}{2}(x+1), & -1\leq x\leq 1,\\ 1, & x>1,\end{cases}$$

关于 Y 的边缘分布函数为

$$F_Y(y)=\begin{cases}0, & y<-1,\\ \dfrac{1}{2}(y+1), & -1\leq y\leq 1,\\ 1, & y>1.\end{cases}$$

因为 $F(X,Y)\neq F_X(x)F_Y(y)$,所以 X 与 Y 不相互独立.

再证 X^2 与 Y^2 相互独立. 设 X^2,Y^2 的联合分布函数为 $F_1(z,t)$,则

$$F_1(z,t)=P(X^2\leq z,Y^2\leq t)\xrightarrow{z>0,t>0}P(-\sqrt{z}<x\leq \sqrt{z},-\sqrt{t}<Y\leq \sqrt{t})$$

$$= F(\sqrt{z},\sqrt{t}) - F(\sqrt{z},-\sqrt{t}) - F(-\sqrt{z},\sqrt{t}) + F(-\sqrt{z},-\sqrt{t})$$

$$= \begin{cases} 0, & z \leq 0 \text{ 或 } t \leq 0, \\ \sqrt{tz}, & 0 < z < 1, 0 < t < 1, \\ \sqrt{t}, & z \geq 1, 0 < t < 1, \\ \sqrt{z}, & 0 < z < 1, t \geq 1, \\ 1, & z \geq 1, t \geq 1, \end{cases}$$

关于 X^2, Y^2 的边缘分布函数分别为

$$F_{X^2}(z) = \lim_{t \to +\infty} F_1(z,t) = \begin{cases} 0, & z \leq 0, \\ \sqrt{z}, & 0 < z < 1, \\ 1, & z \geq 1, \end{cases}$$

$$F_{Y^2}(t) = \begin{cases} 0, & t \leq 0, \\ \sqrt{t}, & 0 < t < 1, \\ 1, & t \geq 1, \end{cases}$$

因为 $F_1(z,t) = F_{X^2}(z) F_{Y^2}(t)$,所以 X^2 与 Y^2 相互独立.

另一种证明方法:利用随机向量的变换.

设 $Z = X^2, T = Y^2$,函数 $z = x^2$ 的反函数为 $x_1 = \sqrt{z}, x_2 = -\sqrt{z}$;$t = y^2$ 的反函数为 $y_1 = \sqrt{t}, y_2 = -\sqrt{t}$. 由

$$J_{11} = \begin{vmatrix} \dfrac{\partial x_1}{\partial z}, & \dfrac{\partial x_1}{\partial t} \\ \dfrac{\partial y_1}{\partial z}, & \dfrac{\partial y_1}{\partial t} \end{vmatrix} = \begin{vmatrix} \dfrac{1}{2\sqrt{z}} & 0 \\ 0 & \dfrac{1}{2\sqrt{t}} \end{vmatrix} = \dfrac{1}{4\sqrt{zt}}, J_{22} = J_{11}, J_{12} = J_{21} = -\dfrac{1}{4\sqrt{zt}},$$

则 (X^2, Y^2) 的概率密度为

$$f_1(z,t) = \sum_{i=1}^{2} \sum_{j=1}^{2} f(x_i, y_j) |J_{ij}|$$

$$= \begin{cases} [1 + \sqrt{zt} + 1 - \sqrt{zt} + 1 - \sqrt{zt} + 1 + \sqrt{zt}] \dfrac{1}{4} \cdot \dfrac{1}{4\sqrt{zt}}, & 0 < z < 1, 0 < t < 1, \\ 0, & \text{其他} \end{cases}$$

$$= \begin{cases} \dfrac{1}{4\sqrt{zt}}, & 0 < z < 1, 0 < t < 1, \\ 0, & \text{其他}. \end{cases}$$

关于 X^2 的边缘概率密度为

$$f_{X^2}(z) = \int_{-\infty}^{+\infty} f_1(z,t) \, dt = \begin{cases} \dfrac{1}{2\sqrt{z}}, & 0 < z < 1, \\ 0, & \text{其他}, \end{cases}$$

关于 Y^2 的边缘概率密度为

$$f_{Y^2}(t) = \begin{cases} \dfrac{1}{2\sqrt{t}}, & 0 < t < 1, \\ 0, & \text{其他}. \end{cases}$$

因为 $f_1(z,t) = f_{X^2}(z) f_{Y^2}(t)$，所以 X^2 与 Y^2 相互独立.

12. 设随机变量 X 与 Y 相互独立，下面列出了二维随机变量 (X,Y) 的分布列及关于 X 和关于 Y 的边缘分布列中的部分数值，试将其余值填入空白处.

X	Y			$P(X=x_i) = p_i.$
	y_1	y_2	y_3	
x_1		$\frac{1}{8}$		
x_2	$\frac{1}{8}$			
$P(Y=y_j) = p_{\cdot j}$	$\frac{1}{6}$			1

解 设 $P(X=x_i, Y=y_j) = p_{ij}$, $i=1,2$, $j=1,2,3$. 由联合分布列和边缘分布列的关系知 $p_{11} = \frac{1}{24}$. 由 X 与 Y 相互独立，有

$$p_{11} = \frac{1}{6} \times \left(p_{11} + \frac{1}{8} + p_{13}\right),$$

即 $\frac{1}{4} = \frac{1}{24} + \frac{1}{8} + p_{13}$，故 $p_{13} = \frac{1}{12}$，

$$p_{1\cdot} = \frac{1}{24} + \frac{1}{8} + \frac{1}{12} = \frac{1}{4}, \quad p_{2\cdot} = \frac{3}{4},$$

$$p_{22} = \left(\frac{1}{8} + p_{22}\right) \times \frac{3}{4},$$

所以

$$p_{22} = \frac{3}{8}, \quad p_{\cdot 2} = \frac{1}{2},$$

$$p_{\cdot 3} = 1 - \frac{1}{6} - \frac{1}{2} = \frac{1}{3},$$

$$p_{23} = \frac{1}{3} - \frac{1}{12} = \frac{1}{4},$$

(X,Y) 的分布列为

X	Y			$P(X=x_i) = p_i.$
	y_1	y_2	y_3	
x_1	$\frac{1}{24}$	$\frac{1}{8}$	$\frac{1}{12}$	$\frac{1}{4}$
x_2	$\frac{1}{8}$	$\frac{3}{8}$	$\frac{1}{4}$	$\frac{3}{4}$
$P(Y=y_j) = p_{\cdot j}$	$\frac{1}{6}$	$\frac{1}{2}$	$\frac{1}{3}$	1

13. 已知随机变量 X_1 和 X_2 的概率分布分别为

$$X_1 \sim \begin{pmatrix} -1 & 0 & 1 \\ \frac{1}{4} & \frac{1}{2} & \frac{1}{4} \end{pmatrix}, \quad X_2 \sim \begin{pmatrix} 0 & 1 \\ \frac{1}{2} & \frac{1}{2} \end{pmatrix}$$

而且 $P(X_1X_2=0)=1$.

(1) 求 X_1 和 X_2 的联合分布；

(2) 问 X_1 和 X_2 是否相互独立？为什么？

解 (1) 由 $P(X_1X_2=0)=1$ 知，$P(X_1=-1,X_2=1)=P(X_1=1,X_2=1)=0$，再由联合分布列和边缘分布列的关系知 (X_1,X_2) 的分布列为

X_2	X_1			$P(X_2=x_{2i})$
	-1	0	1	
0	$\frac{1}{4}$	0	$\frac{1}{4}$	$\frac{1}{2}$
1	0	$\frac{1}{2}$	0	$\frac{1}{2}$
$P(X_1=x_{1i})$	$\frac{1}{4}$	$\frac{1}{2}$	$\frac{1}{4}$	1

(2) 因 $P(X_1=-1,X_2=0)=\frac{1}{4}\neq\frac{1}{4}\times\frac{1}{2}=P(X_1=-1)P(X_2=0)$，所以 X_1 和 X_2 不相互独立.

14. 设随机变量 X 与 Y 相互独立，且都服从 $(-b,b)$ 上的均匀分布，求方程 $t^2+tX+Y=0$ 有实根的概率.

解 设 $A=$ "方程有实根"，则
$$A \text{ 发生}\Leftrightarrow X^2-4Y\geqslant 0.$$

当 $b\leqslant 4$ 时，
$$P(A)=P(X^2\geqslant 4Y)=\iint_{x^2\geqslant 4y}f(x,y)\mathrm{d}x\mathrm{d}y$$
$$=\int_{-b}^{b}\int_{-b}^{\frac{x^2}{4}}\frac{1}{4b^2}\mathrm{d}x\mathrm{d}y=\int_{-b}^{b}\left(\frac{x^2}{4}+b\right)\frac{1}{4b^2}\mathrm{d}x$$
$$=\frac{1}{4b^2}\left(\frac{b^3}{6}+2b^2\right)=\frac{b}{24}+\frac{1}{2},$$

积分区域如图 4.6 所示.

当 $b>4$ 时，
$$P(X^2\geqslant 4Y)=1-\int_{-2\sqrt{b}}^{2\sqrt{b}}\frac{1}{4b^2}\left(b-\frac{x^2}{4}\right)\mathrm{d}x$$
$$=1-\frac{1}{4b^2}\left[4b\sqrt{b}-\frac{1}{12}(8b^{\frac{3}{2}}+8b^{\frac{3}{2}})\right]$$
$$=1-\frac{2}{3\sqrt{b}},$$

积分区域如图 4.7 所示.

15. 已知随机变量 X 和 Y 的联合概率分布如下所示：

(x,y)	$(0,0)$	$(0,1)$	$(1,0)$	$(1,1)$	$(2,0)$	$(2,1)$
$P(X=x,Y=y)$	0.10	0.15	0.25	0.20	0.15	0.15

试求：(1) X 的概率分布；(2) $X+Y$ 的概率分布.

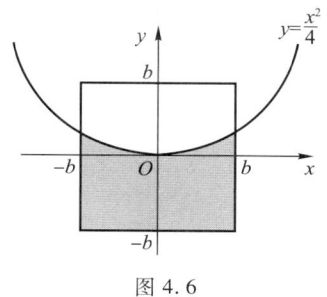

图 4.6

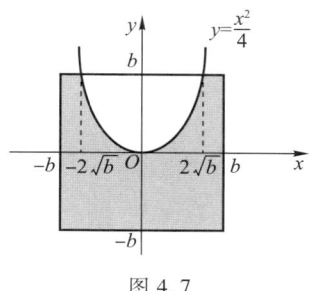

图 4.7

解 （1） X 的概率分布为

X	0	1	2
P	0.25	0.45	0.30

（2） $X+Y$ 的概率分布为

$X+Y$	0	1	2	3
P	0.10	0.4	0.35	0.15

16. 设 X 与 Y 为独立同分布的离散型随机变量，其概率分布列为 $P(X=n)=P(Y=n)=\left(\dfrac{1}{2}\right)^n, n=1,2,\cdots$，求 $X+Y$ 的分布列.

解 设 $Z=X+Y$，Z 的分布列为

$$P(Z=k)=P(X+Y=k)=\sum_{i=1}^{k-1}P(X=i)P(Y=k-i)$$

$$=\sum_{i=1}^{k-1}\left(\dfrac{1}{2}\right)^i\left(\dfrac{1}{2}\right)^{k-i}=(k-1)\left(\dfrac{1}{2}\right)^k, k=2,3,\cdots.$$

17. 设 X,Y 是相互独立的随机变量，它们都服从参数为 n,p 的二项分布，证明：$Z=X+Y$ 服从参数为 $2n,p$ 的二项分布.

证
$$P(Z=k)=P(X+Y=k)=\sum_{i=0}^{k}P(X=i)P(Y=k-i)$$

$$=\sum_{i=0}^{k}C_n^i p^i(1-p)^{n-i}C_n^{k-i}p^{k-i}(1-p)^{n-k+i}$$

$$=p^k(1-p)^{2n-k}\sum_{i=0}^{k}C_n^i C_n^{k-i}=C_{2n}^k p^k(1-p)^{2n-k}, k=0,1,\cdots,2n,$$

故 $Z=X+Y$ 服从参数为 $2n,p$ 的二项分布.

注：此处用到一个组合公式

$$\sum_{i=0}^{k}C_m^i C_n^{k-i}=C_{m+n}^k.$$

此公式的正确性可直观地说明如下：从 $m+n$ 个不同的元素中取 k 个共有 C_{m+n}^k 种不同的取法. 从另一个角度看，把 $m+n$ 个元素分为两部分，一部分有 m 个，另一部分有 n 个，从第一部分中取 i

个再从第二部分中取 $k-i$ 个,不同的取法共 $C_m^i C_n^{k-i}$ 种,让 i 从 0 变到 k,总的取法是 $\sum_{i=0}^{k} C_m^i C_n^{k-i}$ 种,这两种取法应相等.

18. 设随机变量 X,Y 相互独立,其概率密度分别为

$$f_X(x)=\begin{cases}1, & 0\leq x\leq 1,\\ 0, & \text{其他},\end{cases} \quad f_Y(y)=\begin{cases}e^{-y}, & y>0,\\ 0, & y\leq 0,\end{cases}$$

求 $X+Y$ 的概率密度.

解 1 设 $Z=X+Y$,由卷积公式,Z 的概率密度为

$$f_Z(z)=\int_{-\infty}^{+\infty} f_X(z-y)f_Y(y)\,dy,$$

$$f_X(z-y)f_Y(y)=\begin{cases}e^{-y}, & y>0, 0\leq z-y\leq 1,\\ 0, & \text{其他},\end{cases}$$

不等式 $y>0, 0\leq z-y\leq 1$ 确定平面区域 D,如图 4.8 所示.

当 $z<0$ 时,$f_Z(z)=0$;

当 $0\leq z<1$ 时,$f_Z(z)=\int_0^z e^{-y}\,dy=-e^{-y}\Big|_0^z=1-e^{-z}$;

当 $z\geq 1$ 时,$f_Z(z)=\int_{z-1}^z e^{-y}\,dy=e^{-z}(e-1)$.

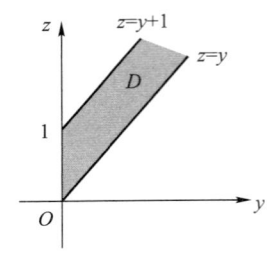

图 4.8

综上所述,有

$$f_Z(z)=\begin{cases}0, & z\leq 0,\\ 1-e^{-z}, & 0<z<1,\\ e^{-z}(e-1), & z\geq 1.\end{cases}$$

解 2 利用变量代换法. 由

$$f_Z(z)=\int_{-\infty}^{+\infty} f_X(x)f_Y(z-x)\,dx,$$

注意到当 $0\leq x\leq 1$ 时 $f_X(x)=1$,有

$$f_Z(z)=\int_{-\infty}^{+\infty} f_X(x)f_Y(z-x)\,dx=\int_0^1 f_Y(z-x)\,dx \xrightarrow{\diamondsuit\ u=z-x} \int_z^{z-1} -f_Y(u)\,du$$

$$=\int_{z-1}^z f_Y(u)\,du.$$

因为

$$f_Y(u)=\begin{cases}0, & u\leq 0,\\ e^{-u}, & u>0,\end{cases}$$

所以,当 $z\leq 0$ 时,$f_Z(z)=0$;

当 $0<z<1$ 时,$f_Z(z)=\int_0^z e^{-u}\,du=1-e^{-z}$;

当 $z\geq 1$ 时,$f_Z(z)=\int_{z-1}^z e^{-u}\,du=e^{-z}(e-1)$.

综上所述,有

$$f_Z(z)=\begin{cases}0, & z\leq 0,\\ 1-\mathrm{e}^{-z}, & 0<z<1,\\ \mathrm{e}^{-z}(\mathrm{e}-1), & z\geq 1.\end{cases}$$

解 3 利用分布函数法. 设 Z 的分布函数为 $F_Z(z)$, 则

$$F_Z(z)=P(Z\leq z)=P(X+Y\leq z)=\iint\limits_{x+y\leq z}f_X(x)f_Y(y)\mathrm{d}x\mathrm{d}y$$

$$=\begin{cases}0, & z\leq 0,\\ \int_0^z \mathrm{e}^{-y}\mathrm{d}y\int_0^{z-y}\mathrm{d}x, & 0<z<1,\\ \int_0^1\int_0^{z-x}\mathrm{e}^{-y}\mathrm{d}y\mathrm{d}x, & z\geq 1\end{cases}$$

$$=\begin{cases}0, & z\leq 0,\\ z+\mathrm{e}^{-z}-1, & 0<z<1,\\ 1+\mathrm{e}^{-z}-\mathrm{e}^{-z}\mathrm{e}, & z\geq 1,\end{cases}$$

积分区域如图 4.9 所示. 故 Z 的概率密度为

$$f_Z(z)=F_Z'(z)=\begin{cases}0, & z\leq 0,\\ 1-\mathrm{e}^{-z}, & 0<z<1,\\ \mathrm{e}^{-z}(\mathrm{e}-1), & z\geq 1.\end{cases}$$

19. 设系统 L_1 的寿命 $X\sim E(\alpha)$, 系统 L_2 的寿命 $Y\sim E(\beta)$, 按图 4.10 联结构成系统 L, 即当系统 L_1 损坏时, 系统 L_2 开始工作, 求系统 L 的寿命 Z 的概率密度.

解 X 的概率密度为

$$f_X(x)=\begin{cases}\alpha\mathrm{e}^{-\alpha x}, & x>0,\\ 0, & \text{其他},\end{cases}$$

Y 的概率密度为

$$f_Y(y)=\begin{cases}\beta\mathrm{e}^{-\beta y}, & y>0,\\ 0, & \text{其他}.\end{cases}$$

设 $Z=X+Y$ 的概率密度为 $f_Z(z)$, 则

$$f_Z(z)=\int_{-\infty}^{+\infty}f_X(x)f_Y(z-x)\mathrm{d}x,$$

其中

$$f_X(x)f_Y(z-x)=\begin{cases}\alpha\beta\mathrm{e}^{-\alpha x}\mathrm{e}^{-\beta(z-x)}, & x>0, z-x>0,\\ 0, & \text{其他},\end{cases}$$

不等式 $x>0, z-x>0$ 确定的平面区域如图 4.11 所示.

当 $z\leq 0$ 时, $f_Z(z)=0$;

当 $z>0$ 时,

$$f_Z(z)=\int_0^z \alpha\beta\mathrm{e}^{-\beta z}\mathrm{e}^{(\beta-\alpha)x}\mathrm{d}x$$

$$=\alpha\beta\mathrm{e}^{-\beta z}\cdot\frac{1}{\beta-\alpha}\mathrm{e}^{(\beta-\alpha)x}\Big|_0^z$$

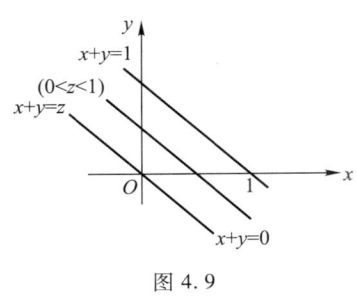
图 4.9

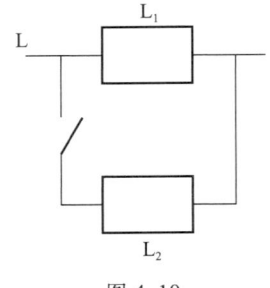
图 4.10

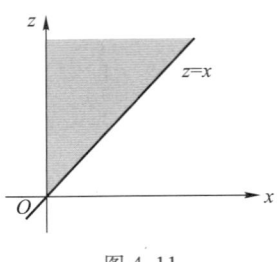
图 4.11

$$= \frac{\alpha\beta}{\beta-\alpha} \cdot (e^{-\alpha z} - e^{-\beta z}), \alpha \neq \beta,$$

$$f_Z(z) = \int_0^z \alpha^2 e^{-\alpha z} dx = \alpha^2 z e^{-\alpha z}, \alpha = \beta.$$

综上所述，$Z = X + Y$ 的概率密度为

$$f_Z(z) = \begin{cases} 0, & z \leq 0, \\ \dfrac{\alpha\beta}{\beta-\alpha}(e^{-\alpha z} - e^{-\beta z}), & z > 0, \end{cases} \quad \alpha \neq \beta,$$

$$f_Z(z) = \begin{cases} 0, & z \leq 0, \\ \alpha^2 z e^{-\alpha z}, & z > 0, \end{cases} \quad \alpha = \beta.$$

20. 设二维随机变量 (X, Y) 的概率密度为

$$f(x, y) = \begin{cases} 3x, & 0 < y < x, 0 < x < 1, \\ 0, & \text{其他}, \end{cases}$$

求 $Z = X - Y$ 的概率密度.

解 1 利用 $Z = X + kY$ 的概率密度公式

$$f_Z(z) = \int_{-\infty}^{+\infty} f(z - ky, y) dy,$$

取 $k = -1$ 得

$$f_Z(z) = \int_{-\infty}^{+\infty} f(z + y, y) dy,$$

其中

$$f(z + y, y) = \begin{cases} 3(z + y), & 0 < z + y < 1, z > 0, y > 0, \\ 0, & \text{其他}, \end{cases}$$

不等式 $0 < z + y < 1, z > 0, y > 0$ 确定的平面区域如图 4.12 所示.

当 $z \leq 0$ 或 $z \geq 1$ 时，$f_Z(z) = 0$；

当 $0 < z < 1$ 时，

$$f_Z(z) = \int_0^{1-z} 3(z + y) dy = 3z(1 - z) + \frac{3}{2}(1 - z)^2 = \frac{3}{2}(1 - z^2),$$

即

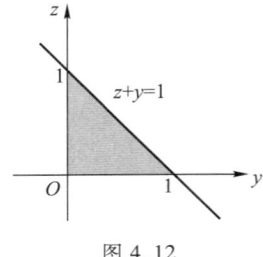
图 4.12

$$f_Z(z) = \begin{cases} \dfrac{3}{2}(1-z^2), & 0<z<1, \\ 0, & \text{其他}. \end{cases}$$

解 2 设 Z 的分布函数为 $F_Z(z)$,概率密度为 $f_Z(z)$,则

$$F_Z(z) = P(Z \leqslant z) = P(X-Y \leqslant z) = \iint\limits_{x-y \leqslant z} f(x,y)\,\mathrm{d}x\mathrm{d}y$$

$$= \begin{cases} 0, & z \leqslant 0, \\ \int_0^z \int_0^x 3x\,\mathrm{d}x\mathrm{d}y + \int_z^1 \int_{x-z}^x 3x\,\mathrm{d}x\mathrm{d}y, & 0<z<1, \\ 1, & z \geqslant 1 \end{cases}$$

$$= \begin{cases} 0, & z \leqslant 0, \\ \dfrac{3}{2}z - \dfrac{1}{2}z^3, & 0<z<1, \\ 1, & z>1, \end{cases}$$

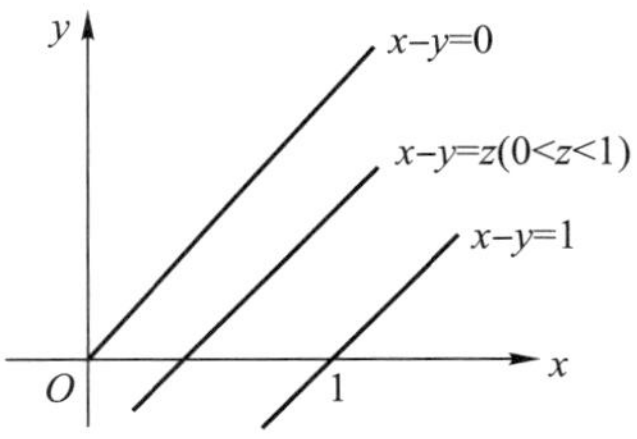

其中积分区域 $\{(x,y) \mid x-y \leqslant z\}$ 如图 4.13 所示. 于是

$$f_Z(z) = F_Z'(z) = \begin{cases} \dfrac{3}{2}(1-z^2), & 0<z<1, \\ 0, & \text{其他}. \end{cases}$$

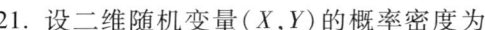

图 4.13

21. 设二维随机变量 (X,Y) 的概率密度为

$$f(x,y) = \dfrac{1}{2\pi\sigma^2}\mathrm{e}^{-\frac{x^2+y^2}{2\sigma^2}}, \quad -\infty<x,y<+\infty,$$

求 $Z = X^2 + Y^2$ 的概率密度.

解 设 Z 的分布函数为 $F_Z(z)$,则

当 $z \leqslant 0$ 时,$F_Z(z) = 0$;

当 $z>0$ 时,$F_Z(z) = P(Z \leqslant z) = P(X^2+Y^2 \leqslant z) = \iint\limits_{x^2+y^2 \leqslant z} f(x,y)\,\mathrm{d}x\mathrm{d}y$

$$= \iint\limits_{x^2+y^2 \leqslant z} \dfrac{1}{2\pi\sigma^2}\mathrm{e}^{-\frac{x^2+y^2}{2\sigma^2}}\,\mathrm{d}x\mathrm{d}y$$

$$= \int_0^{2\pi}\int_0^{\sqrt{z}} \dfrac{1}{2\pi\sigma^2}\mathrm{e}^{-\frac{r^2}{2\sigma^2}}r\,\mathrm{d}r\mathrm{d}\theta$$

$$= \int_0^{\sqrt{z}} \dfrac{1}{\sigma^2}\mathrm{e}^{-\frac{r^2}{2\sigma^2}}r\,\mathrm{d}r \xrightarrow{\diamondsuit\, r=\sqrt{u}} \int_0^z \dfrac{1}{\sigma^2}\cdot\dfrac{1}{2}\mathrm{e}^{-\frac{u}{2\sigma^2}}\,\mathrm{d}u = -\mathrm{e}^{-\frac{r^2}{2\sigma^2}}\Big|_0^{\sqrt{z}} = 1-\mathrm{e}^{-\frac{z}{2\sigma^2}},$$

故

$$f_Z(z) = F_Z'(z) = \begin{cases} 0, & z \leqslant 0, \\ \dfrac{1}{2\sigma^2}\mathrm{e}^{-\frac{z}{2\sigma^2}}, & z>0. \end{cases}$$

22. 设随机变量 X 与 Y 相互独立,$X \sim N(\mu,\sigma^2)$,$Y \sim U[-\pi,\pi]$,试求 $Z=X+Y$ 的概率密度.

解 1 利用卷积公式

$$f_Z(z) = \int_{-\infty}^{+\infty} f_X(x)f_Y(z-x)\,\mathrm{d}x,$$

这里

$$f_X(x)f_Y(z-x) = \begin{cases} \dfrac{1}{2\pi\sqrt{2\pi}\sigma}e^{-\frac{(x-\mu)^2}{2\sigma^2}}, & -\infty<x<+\infty,-\pi\leqslant z-x\leqslant\pi, \\ 0, & \text{其他}, \end{cases}$$

不等式 $-\infty<x<+\infty,-\pi\leqslant z-x\leqslant\pi$ 确定平面区域 D，如图 4.14 所示.

$$f_Z(z) = \int_{z-\pi}^{z+\pi}\frac{1}{2\pi\sqrt{2\pi}\sigma}e^{-\frac{(x-\mu)^2}{2\sigma^2}}dx$$

$$\xrightarrow{\diamondsuit\, t=\frac{x-\mu}{\sigma}} \frac{1}{2\pi}\int_{\frac{z-\pi-\mu}{\sigma}}^{\frac{z+\pi-\mu}{\sigma}}\frac{1}{\sqrt{2\pi}}e^{-\frac{t^2}{2}}dt$$

$$=\frac{1}{2\pi}\left[\Phi\left(\frac{z+\pi-\mu}{\sigma}\right)-\Phi\left(\frac{z-\pi-\mu}{\sigma}\right)\right].$$

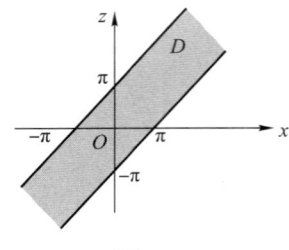

图 4.14

解 2 $\quad f_Z(z) = \int_{-\infty}^{+\infty}f_X(z-y)f_Y(y)dy,$

因为 $Y\sim U[-\pi,\pi]$，所以当 $-\pi<y<\pi$ 时，$f_Y(y)=\dfrac{1}{2\pi}$，

$$f_Z(z) = \int_{-\infty}^{+\infty}f_X(z-y)f_Y(y)dy = \int_{-\pi}^{\pi}\frac{1}{2\pi\sqrt{2\pi}\sigma}e^{-\frac{(z-y-\mu)^2}{2\sigma^2}}dy$$

$$\xrightarrow{\diamondsuit\, u=z-y} -\int_{z+\pi}^{z-\pi}\frac{1}{2\pi\sqrt{2\pi}\sigma}e^{-\frac{(u-\mu)^2}{2\sigma^2}}du$$

$$=\int_{z-\pi}^{z+\pi}\frac{1}{2\pi\sqrt{2\pi}\sigma}e^{-\frac{(u-\mu)^2}{2\sigma^2}}du = \frac{1}{2\pi}\left[\Phi\left(\frac{z+\pi-\mu}{\sigma}\right)-\Phi\left(\frac{z-\pi-\mu}{\sigma}\right)\right].$$

23. 设二维随机变量 (X,Y) 的概率密度为

$$f(x,y) = \begin{cases} 2e^{-(x+2y)}, & x>0,y>0, \\ 0, & \text{其他}, \end{cases}$$

求 $Z=X+2Y$ 的分布函数 $F_Z(z)$.

解 区域 $\{(x,y)\mid x>0,y>0,x+2y\leqslant z(z>0)\}$ 如图 4.15 所示.

$$F_Z(z) = P(Z\leqslant z) = P(X+2Y\leqslant z) = \iint_{x+2y\leqslant z}f(x,y)dxdy$$

$$=\begin{cases} 0, & z\leqslant 0, \\ 2\int_0^z\left(\int_0^{\frac{z-x}{2}}e^{-x}e^{-2y}dy\right)dx, & z>0 \end{cases}$$

$$=\begin{cases} 0, & z\leqslant 0, \\ 1-e^{-z}-ze^{-z}, & z>0. \end{cases}$$

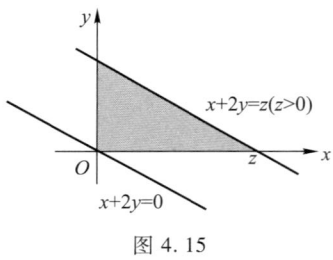

图 4.15

24. 设二维随机变量 (X,Y) 在矩形区域 $G=\{(x,y)\mid 0\leqslant x\leqslant 2,0\leqslant y\leqslant 1\}$ 上服从均匀分布，试求边长为 X 和 Y 的矩形的面积 S 的概率密度 $f(s)$.

解 1 (X,Y) 的概率密度为

$$\varphi(x,y) = \begin{cases} \dfrac{1}{2} & (x,y)\in G, \\ 0, & \text{其他}. \end{cases}$$

设矩形的面积为 S，则 $S = XY$，又设 S 的分布函数为 $F_S(s)$，则

$$F_S(s) = P(S \leq s) = P(XY \leq s) = \iint\limits_{xy \leq s} \varphi(x,y) \, dxdy$$

$$= \begin{cases} 0, & s \leq 0, \\ \int_0^s \int_0^1 \frac{1}{2} dxdy + \int_s^2 \int_0^{\frac{s}{x}} \frac{1}{2} dxdy, & 0 < s < 2, \\ 1, & s \geq 2 \end{cases}$$

$$= \begin{cases} 0, & s \leq 0, \\ \frac{s}{2}(1 + \ln 2 - \ln s), & 0 < s < 2, \\ 1, & s \geq 2, \end{cases}$$

不等式 $0 \leq x \leq 2, 0 \leq y \leq 1, xy \leq s (0 < s < 2)$ 确定的平面区域如图 4.16 所示. 于是

$$f(s) = F_S'(s) = \begin{cases} \frac{1}{2}(\ln 2 - \ln s), & 0 < s < 2, \\ 0, & 其他. \end{cases}$$

解 2 利用乘积的概率密度公式，有

$$f(s) = \int_{-\infty}^{+\infty} \varphi\left(\frac{s}{y}, y\right) \frac{dy}{|y|},$$

其中

$$\varphi\left(\frac{s}{y}, y\right) = \begin{cases} \frac{1}{2}, & 0 \leq y \leq 1, 0 \leq \frac{s}{y} \leq 2, \\ 0, & 其他, \end{cases}$$

区域 $\{(y,s) \mid 0 \leq y \leq 1, 0 \leq \frac{s}{y} \leq 2\}$ 如图 4.17 所示.

当 $s \leq 0$ 或 $s \geq 2$ 时，$f(s) = 0$；

当 $0 < s < 2$ 时，$f(s) = \int_{\frac{s}{2}}^{1} \frac{1}{2y} dy = \frac{1}{2} \ln y \Big|_{\frac{s}{2}}^{1} = \frac{1}{2}(\ln 2 - \ln s)$.

综上所述，有

$$f(s) = \begin{cases} \frac{1}{2}(\ln 2 - \ln s), & 0 < s < 2, \\ 0, & 其他. \end{cases}$$

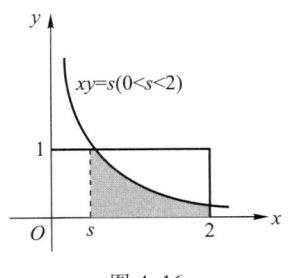

图 4.16

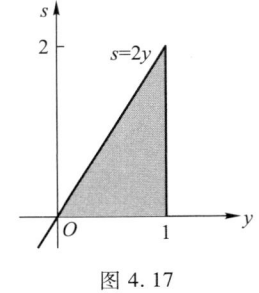

图 4.17

25. 设 X 和 Y 为两个随机变量,且
$$P(X \geq 0, Y \geq 0) = \frac{3}{7}, \quad P(X \geq 0) = P(Y \geq 0) = \frac{4}{7},$$
求 $P(\max\{X, Y\} \geq 0)$.

解
$$P(\max\{X, Y\} \geq 0) = P(\{X \geq 0\} \cup \{Y \geq 0\})$$
$$= P(X \geq 0) + P(Y \geq 0),$$
$$- P(X \geq 0, Y \geq 0) = \frac{4}{7} + \frac{4}{7} - \frac{3}{7} = \frac{5}{7}.$$

26. 设 ξ, η 是相互独立且服从同一分布的两个随机变量. 已知 ξ 的分布列为 $P(\xi = i) = \frac{1}{3}, i = 1, 2, 3$,又设 $X = \max\{\xi, \eta\}, Y = \min\{\xi, \eta\}$,试写出二维随机变量 (X, Y) 的分布列及边缘分布列,并求 $P(\xi = \eta)$.

解 X 的可能值为 $1, 2, 3$,Y 的可能值为 $1, 2, 3$.
$$P(X = 1, Y = 1) = P(\max\{\xi, \eta\} = 1, \min\{\xi, \eta\} = 1) = P(\xi = 1, \eta = 1) = \frac{1}{9}.$$

依次类推,可求出 (X, Y) 的分布列及边缘分布列如下:

X	Y			$p_i._$
	1	2	3	
1	$\frac{1}{9}$	0	0	$\frac{1}{9}$
2	$\frac{2}{9}$	$\frac{1}{9}$	0	$\frac{3}{9}$
3	$\frac{2}{9}$	$\frac{2}{9}$	$\frac{1}{9}$	$\frac{5}{9}$
$p._j$	$\frac{5}{9}$	$\frac{3}{9}$	$\frac{1}{9}$	1

$$P(\xi = \eta) = \frac{1}{3}.$$

27. 假设一电路装有三个同种电器元件,其工作状态相互独立,且无故障工作时间都服从参数为 $\lambda > 0$ 的指数分布. 当三个元件都无故障时,电路正常工作,否则整个电路不能正常工作. 试求电路正常工作的时间 T 的分布.

解 设 T 的分布函数为 $F_T(t)$,第 i 件元件的寿命为 X_i,其分布函数为 $F(x)$,则
$$F_T(t) = P(T \leq t) = P(\min\{X_1, X_2, X_3\} \leq t)$$
$$= 1 - [1 - F(t)]^3$$
$$= \begin{cases} 1 - e^{-3\lambda t}, & t > 0, \\ 0, & t \leq 0, \end{cases}$$
即 $T \sim E(3\lambda)$.

28. 设随机变量 X_1, X_2, X_3, X_4 独立同分布:$P(X_i = 0) = 0.6, P(X_i = 1) = 0.4, i = 1, 2, 3, 4$. 求行列式

$$X = \begin{vmatrix} X_1 & X_2 \\ X_3 & X_4 \end{vmatrix}$$

的分布列.

解1 $X = \begin{vmatrix} X_1 & X_2 \\ X_3 & X_4 \end{vmatrix} = X_1 X_4 - X_2 X_3,$

X 的可能值为 $-1, 0, 1$.

$P(X=-1) = P(X_1 X_4 = 0, X_2 X_3 = 1)$
$= P(\{X_1=0, X_4=1\} \cup \{X_1=1, X_4=0\} \cup \{X_1=0, X_4=0\}, \{X_2=1, X_3=1\})$
$= [P(X_1=0, X_4=1) + P(X_1=1, X_4=0) + P(X_1=0, X_4=0)] P(X_2=1, X_3=1)$
$= (0.6 \times 0.4 + 0.6 \times 0.4 + 0.36) \times 0.16 = 0.134\ 4.$

同理可求出 $P(X=0) = 0.731\ 2, P(X=1) = 0.134\ 4$,即 X 的分布列为

X	-1	0	1
0	$0.134\ 4$	$0.731\ 2$	$0.134\ 4$

解2 先求出 $X_1 X_4$ 及 $X_2 X_3$ 的分布列

$X_1 X_4$	0	1
P	0.84	0.16

$X_2 X_3$	0	1
P	0.84	0.16

可得

$P(X=-1) = P(X_1 X_4 = 0, X_2 X_3 = 1) = 0.84 \times 0.16 = 0.134\ 4,$
$P(X=0) = P(X_1 X_4 = X_2 X_3) = 0.84 \times 0.84 + 0.16 \times 0.16 = 0.731\ 2,$
$P(X=1) = P(X_1 X_4 = 1, X_2 X_3 = 0) = 0.16 \times 0.84 = 0.134\ 4,$

即 X 的分布列为

X	-1	0	1
P	$0.134\ 4$	$0.731\ 2$	$0.134\ 4$

29. 设 A, B 为两个随机事件,且 $P(A) = \dfrac{1}{4}, P(B|A) = \dfrac{1}{3}, P(A|B) = \dfrac{1}{2}$. 令

$$X = \begin{cases} 1, & A \text{ 发生}, \\ 0, & A \text{ 不发生}, \end{cases} \quad Y = \begin{cases} 1, & B \text{ 发生}, \\ 0, & B \text{ 不发生}, \end{cases}$$

求:(1) 二维随机变量 (X, Y) 的分布列;(2) $Z = X^2 + Y^2$ 的分布列.

解 (1) $P(X=1) = P(A) = \dfrac{1}{4}, P(X=0) = P(\bar{A}) = \dfrac{3}{4},$

$$P(Y=1) = P(B) = \dfrac{P(AB)}{P(A|B)} = \dfrac{P(A)P(B|A)}{P(A|B)} = \dfrac{\dfrac{1}{4} \times \dfrac{1}{3}}{\dfrac{1}{2}} = \dfrac{1}{6},$$

$$P(Y=0) = P(\bar{B}) = \dfrac{5}{6},$$

$$P(X=1,Y=1)=P(AB)=P(A)P(B\mid A)=\frac{1}{4}\times\frac{1}{3}=\frac{1}{12},$$

因此二维随机变量(X,Y)的分布列为

X	Y	
	0	1
0	$\frac{2}{3}$	$\frac{1}{12}$
1	$\frac{1}{6}$	$\frac{1}{12}$

（2）因

(X,Y)	$(0,0)$	$(0,1)$	$(1,0)$	$(1,1)$
$Z=X^2+Y^2$	0	1	1	2

故 Z 的分布列为

Z	0	1	2
P	$\frac{2}{3}$	$\frac{1}{4}$	$\frac{1}{12}$

30. 设随机变量 X 和 Y 的联合分布是正方形域 $G=\{(x,y)\mid 1\leqslant x\leqslant 3,1\leqslant y\leqslant 3\}$ 上的均匀分布,试求随机变量 $Z=|X-Y|$ 的概率密度.

解 随机变量(X,Y)的概率密度为

$$f(x,y)=\begin{cases}\dfrac{1}{4},&(x,y)\in G,\\ 0,&\text{其他},\end{cases}$$

$Z=|X-Y|$ 的分布函数为

$$F_Z(z)=P(Z\leqslant z)=P(|X-Y|\leqslant z)=\iint\limits_{|x-y|\leqslant z}f(x,y)\mathrm{d}x\mathrm{d}y.$$

当 $z\leqslant 0$ 时,$F_Z(z)=0$；

当 $z\geqslant 2$ 时,$F_Z(z)=1$；

当 $0<z<2$ 时,$F_Z(z)=\iint\limits_{D}\dfrac{1}{4}\mathrm{d}x\mathrm{d}y=1-\dfrac{1}{4}(2-z)^2$,其中区域 D 如图 4.18 所示；

当 $z<0$ 或 $z>2$ 时,$F'_Z(z)=0$；

当 $0<z<2$ 时,$F'_Z(z)=\dfrac{2-z}{2}$.

故 Z 的概率密度为

$$f_Z(z)=\begin{cases}\dfrac{2-z}{2},&0<z<2,\\ 0,&\text{其他}.\end{cases}$$

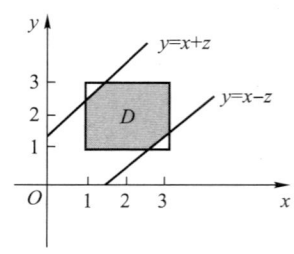

图 4.18

31. 设二维随机变量(X,Y)的概率密度为

$$f(x,y) = \begin{cases} 1, & 0<x<1, 0<y<2x, \\ 0, & 其他, \end{cases}$$

求:(1) (X,Y) 的边缘概率密度 $f_X(x), f_Y(y)$;

(2) $Z = 2X - Y$ 的概率密度 $f_Z(z)$;

(3) $P\left(Y \leq \dfrac{1}{2} \,\middle|\, X \leq \dfrac{1}{2}\right)$.

解 (1)
$$f_X(x) = \int_{-\infty}^{+\infty} f(x,y)\,dy = \begin{cases} \int_0^{2x} dy, & 0<x<1, \\ 0, & 其他 \end{cases}$$
$$= \begin{cases} 2x, & 0<x<1, \\ 0, & 其他, \end{cases}$$

$$f_Y(y) = \int_{-\infty}^{+\infty} f(x,y)\,dx = \begin{cases} \int_{\frac{y}{2}}^{1} dx, & 0<y<2, \\ 0, & 其他 \end{cases}$$
$$= \begin{cases} 1-\dfrac{y}{2}, & 0<y<2, \\ 0, & 其他; \end{cases}$$

(2) $Z = 2X - Y$ 的分布函数为
$$F_Z(z) = P(Z \leq z) = P(2X-Y \leq z) = \iint\limits_{2x-y \leq z} f(x,y)\,dx\,dy.$$

当 $z \leq 0$ 时, $F_Z(z) = 0$;

当 $z \geq 2$ 时, $F_Z(z) = 1$;

当 $0 < z < 2$ 时, $F_Z(z) = \iint\limits_D dx\,dy = 1 - \left(1 - \dfrac{z}{2}\right)^2$, 其中区域 D 如图 4.19 所示.

当 $z < 0$ 或 $z > 2$ 时, $F_Z'(z) = 0$;

当 $0 < z < 2$ 时, $F_Z'(z) = 1 - \dfrac{z}{2}$.

故 $Z = 2X - Y$ 的概率密度为
$$f_Z(z) = \begin{cases} 1 - \dfrac{z}{2}, & 0 < z < 2, \\ 0, & 其他. \end{cases}$$

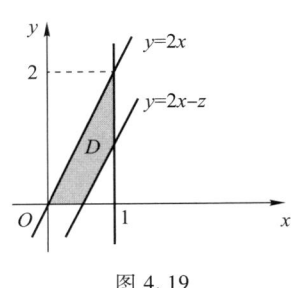

图 4.19

(3) $P\left(Y \leq \dfrac{1}{2} \,\middle|\, X \leq \dfrac{1}{2}\right) = \dfrac{P\left(X \leq \dfrac{1}{2}, Y \leq \dfrac{1}{2}\right)}{P\left(X \leq \dfrac{1}{2}\right)}$

$$= \dfrac{\int_0^{\frac{1}{2}} dy \int_{\frac{y}{2}}^{\frac{1}{2}} dx}{\int_0^{\frac{1}{2}} dx \int_0^{2x} dy} = \dfrac{3}{4}.$$

*32. 设随机变量 X 与 Y 相互独立,其中 X 的分布列为

X	1	2
P	0.3	0.7

而 Y 的概率密度为 $f_Y(y)$，求随机变量 $Z=X+Y$ 的概率密度 $f_Z(z)$.

解 $Z=X+Y$ 的分布函数为
$$F_Z(z)=P(Z\leq z)=P(X+Y\leq z)$$
$$=P(X=1)P(X+Y\leq z\mid X=1)+P(X=2)P(X+Y\leq z\mid X=2)$$
$$=P(X=1)P(Y\leq z-1)+P(X=2)P(Y\leq z-2)$$
$$=0.3F_Y(z-1)+0.7F_Y(z-2),$$

故 Z 的概率密度为
$$f_Z(z)=F'_Z(z)=0.3f_Y(z-1)+0.7f_Y(z-2).$$

33. 设二维随机变量 (X,Y) 的概率密度为
$$f(x,y)=\begin{cases} xe^{-y}, & 0<x<y, \\ 0, & \text{其他}. \end{cases}$$

求：（1）$Z=X+Y$ 的概率密度；

（2）$M=\max\{X,Y\}$ 和 $N=\min\{X,Y\}$ 的概率密度.

解 （1）Z 的概率密度为
$$f_Z(z)=\int_{-\infty}^{+\infty}f(x,z-x)dx,$$

若 $f(x,z-x)>0$，必有 $\begin{cases}x>0,\\ z-x>x,\end{cases}$ 即 $\begin{cases}x>0,\\ z>2x,\end{cases}$ 则

$$f(x,z-x)=\begin{cases} xe^{-(z-x)}, & z>0, 0<x<\dfrac{z}{2}, \\ 0, & \text{其他}, \end{cases}$$

故
$$f_Z(z)=\begin{cases}\left(\dfrac{z}{2}e^{\frac{z}{2}}-e^{\frac{z}{2}}+1\right)e^{-z}, & z>0, \\ 0, & \text{其他}; \end{cases}$$

（2）$M=\max\{X,Y\}$ 的分布函数为
$$F_M(z)=P(\max\{X,Y\}\leq z)=P(X\leq z,Y\leq z)$$
$$=\iint_{\substack{x\leq z\\ y\leq z}}f(x,y)dxdy=\begin{cases}\int_0^z\left[\int_0^y xe^{-y}dx\right]dy, & z>0,\\ 0, & \text{其他}\end{cases}$$
$$=\begin{cases}\int_0^z\dfrac{1}{2}y^2e^{-y}dy, & z>0,\\ 0, & \text{其他},\end{cases}$$

M 的概率密度为
$$f_M(z)=F'_M(z)=\begin{cases}\dfrac{1}{2}z^2e^{-z}, & z>0, \\ 0, & \text{其他}.\end{cases}$$

$N=\min\{X,Y\}$ 的分布函数为

$$F_N(z) = P(\min\{X,Y\}\leq z) = 1-P(X>z,Y>z)$$

$$= 1-\iint_{\substack{x>z\\y>z}} f(x,y)\,dxdy = \begin{cases} 1-\int_z^{+\infty}\left[\int_x^{+\infty} xe^{-y}\,dy\right]dx, & z>0, \\ 0, & 其他 \end{cases}$$

$$= \begin{cases} 1-\int_z^{+\infty} xe^{-x}\,dx, & z>0, \\ 0, & 其他, \end{cases}$$

N 的概率密度为

$$f_N(z) = F_N'(z) = \begin{cases} ze^{-z}, & z>0, \\ 0, & 其他. \end{cases}$$

34. 设随机变量 X 服从参数为 λ 的指数分布,求随机变量 $Y=\min\{X,2\}$ 的分布函数.

解 $Y=\min\{X,2\}$ 的分布函数为

$$F_Y(y) = P(Y\leq y) = P(\min\{X,2\}\leq y) = 1-P(X>y, 2>y)$$

$$= \begin{cases} 0, & y\leq 0, \\ 1-e^{-\lambda y}, & 0<y<2, \\ 1, & y\geq 2. \end{cases}$$

35. 求第 7 题中的条件概率密度.

解 $f(x,y) = \begin{cases} e^{-y}, & 0<x<y, \\ 0, & 其他, \end{cases}$

$f_X(x) = \begin{cases} e^{-x}, & x>0, \\ 0, & x\leq 0, \end{cases}$

$f_Y(y) = \begin{cases} ye^{-y}, & y>0, \\ 0, & y\leq 0, \end{cases}$

所以

$$f_{X|Y}(x|y) = \frac{f(x,y)}{f_Y(y)} = \begin{cases} \dfrac{1}{y}, & 0<x<y, \\ 0, & 其他, \end{cases}$$

$$f_{Y|X}(y|x) = \frac{f(x,y)}{f_X(x)} = \begin{cases} e^{-y+x}, & 0<x<y, \\ 0, & 其他, \end{cases}$$

36. 设随机变量 X 关于随机变量 Y 的条件概率密度为

$$f_{X|Y}(x|y) = \begin{cases} \dfrac{3x^2}{y^3}, & 0<x<y, \\ 0, & 其他, \end{cases}$$

而 Y 的概率密度为

$$f_Y(y) = \begin{cases} 5y^4, & 0<y<1, \\ 0, & 其他, \end{cases}$$

求 $P\left(X>\dfrac{1}{2}\right)$.

解 二维随机变量 (X,Y) 的概率密度为

$$f(x,y)=f_{X|Y}(x\mid y)f_Y(y)=\begin{cases}15x^2y, & 0<x<y<1,\\ 0, & \text{其他},\end{cases}$$

区域 $\{(x,y)\mid 0<x<y<1\}$ 如图 4.20 所示.

$$\begin{aligned}P\left(X>\frac{1}{2}\right)&=\int_{\frac{1}{2}}^{1}\int_{x}^{1}15x^2y\mathrm{d}y\mathrm{d}x\\ &=\int_{\frac{1}{2}}^{1}15x^2\cdot\frac{1-x^2}{2}\mathrm{d}x=\frac{47}{64}.\end{aligned}$$

图 4.20

37. 设随机变量 $X\sim U(0,1)$,在 $X=x(0<x<1)$ 的条件下,随机变量 Y 在区间 $(0,x)$ 上服从均匀分布,求:

(1) 随机变量 X 和 Y 的联合概率密度;
(2) Y 的概率密度;
(3) $P(X+Y>1)$.

解 随机变量 X 的概率密度为

$$f_X(x)=\begin{cases}1, & 0<x<1,\\ 0, & \text{其他},\end{cases}$$

由题意,有

$$f_{Y|X}(y\mid x)=\begin{cases}\dfrac{1}{x}, & 0<y<x,\\ 0, & \text{其他}.\end{cases}$$

(1) 随机变量 (X,Y) 的概率密度为

$$f(x,y)=f_X(x)f_{Y|X}(y\mid x)=\begin{cases}\dfrac{1}{x}, & 0<x<1,0<y<x,\\ 0, & \text{其他};\end{cases}$$

(2) Y 的概率密度为

$$f_Y(y)=\int_{-\infty}^{+\infty}f(x,y)\mathrm{d}x=\begin{cases}\displaystyle\int_{y}^{1}\dfrac{1}{x}\mathrm{d}x, & 0<y<1,\\ 0, & \text{其他}\end{cases}$$

$$=\begin{cases}-\ln y, & 0<y<1,\\ 0, & \text{其他};\end{cases}$$

(3) $P(X+Y>1)=\int_{\frac{1}{2}}^{1}\mathrm{d}x\int_{1-x}^{x}\dfrac{1}{x}\mathrm{d}y=\int_{\frac{1}{2}}^{1}\left(2-\dfrac{1}{x}\right)\mathrm{d}x$

$=(2x-\ln x)\Big|_{\frac{1}{2}}^{1}=1-\ln 2.$

典型例题讲解

第5章 随机变量的数字特征与极限定理

习 题 5

1. 假设有 10 件同种电器元件,其中有两件废品. 从这批元件中任取一件,若是废品,则扔掉重新取一件,若仍是废品,则扔掉再取一件. 试求在取到正品之前,已取出的废品件数的数学期望和方差.

解 设 X 为已取出的废品件数,则 X 的分布列为

X	0	1	2
P	$\dfrac{8}{10}$	$\dfrac{2}{10} \cdot \dfrac{8}{9}$	$\dfrac{2}{10} \cdot \dfrac{1}{9} \cdot \dfrac{8}{8}$

即

X	0	1	2
P	$\dfrac{8}{10}$	$\dfrac{8}{45}$	$\dfrac{1}{45}$

所以

$$E(X) = \frac{8}{45} + \frac{2}{45} = \frac{2}{9},$$

$$E(X^2) = \frac{8}{45} + \frac{4}{45} = \frac{4}{15},$$

$$D(X) = E(X^2) - [E(X)]^2 = \frac{4}{15} - \frac{4}{81} = \frac{88}{405}.$$

2. 假设一部机器在 1 天内发生故障的概率为 0.2,机器发生故障时全天停止工作. 若 1 周 5 个工作日里无故障,可获利润 10 万元;发生一次故障仍可获利润 5 万元;发生两次故障无利可获;发生三次或三次以上故障就要亏损 2 万元. 问 1 周内期望利润是多少?

解 设 1 周所获利润为 T(万元),则 T 的可能值为 10,5,0,−2. 又设 X 为 1 周内机器发生故障的次数,则 $X \sim B(5, 0.2)$,于是,

$$P(T=10) = P(X=0) = (0.8)^5 = 0.327\ 7,$$

$$P(T=5) = P(X=1) = C_5^1 0.2 \times (0.8)^4 = 0.409\ 6,$$

类似地,可求出 T 的分布列为

T	−2	0	5	10
P	0.057 9	0.204 8	0.409 6	0.327 7

所以 1 周内期望利润为
$$E(T) = -2 \times 0.057\,9 + 5 \times 0.409\,6 + 10 \times 0.327\,7 = 5.209(万元).$$

3. 假设某自动线加工的某种零件的内径 X(单位:mm)服从正态分布 $N(\mu,1)$,内径小于 10 mm 或大于 12 mm 的为不合格品,其余为合格品. 销售合格品则获利,销售不合格品则亏损,已知销售利润 T(单位:元)与销售零件的内径 X 有如下关系:
$$T = \begin{cases} -1, & X<10, \\ 20, & 10 \leqslant X \leqslant 12, \\ -5, & X>12. \end{cases}$$
问当平均内径 μ 取何值时,销售一个零件的平均利润最大?

解
$$\begin{aligned} E(T) &= -1 \times P(X<10) + 20 \times P(10 \leqslant X \leqslant 12) - 5 \times P(X>12) \\ &= -\Phi\left(\frac{10-\mu}{1}\right) + 20[\Phi(12-\mu) - \Phi(10-\mu)] - 5[1 - \Phi(12-\mu)] \\ &= 25\Phi(12-\mu) - 21\Phi(10-\mu) - 5. \end{aligned}$$

令
$$\begin{aligned} \frac{\mathrm{d}E(T)}{\mathrm{d}\mu} &= -25\varphi(12-\mu) + 21\varphi(10-\mu) \\ &= 21 \cdot \frac{1}{\sqrt{2\pi}} \mathrm{e}^{-\frac{(10-\mu)^2}{2}} - 25 \cdot \frac{1}{\sqrt{2\pi}} \mathrm{e}^{-\frac{(12-\mu)^2}{2}} \triangleq 0, \end{aligned}$$

即
$$\frac{21}{25} = \mathrm{e}^{-\frac{1}{2}[(12-\mu)^2 - (10-\mu)^2]}.$$

两边取对数得
$$2\mu - 22 = \ln\frac{21}{25}.$$

即当
$$\mu = 11 - \frac{1}{2}\ln\frac{21}{25}$$

时,平均利润最大.

4. 从学校乘汽车到火车站的途中有 3 个交通岗,假设在各个交通岗遇到红灯的事件是相互独立的,并且概率都是 $\frac{2}{5}$. 设 X 为途中遇到红灯的次数. 求随机变量 X 的分布列、分布函数和数学期望.

解 $X \sim B\left(3, \frac{2}{5}\right)$,分布列为 $P(X=k) = C_3^k \left(\frac{2}{5}\right)^k \left(\frac{3}{5}\right)^{3-k}, k=0,1,2,3.$ 即

X	0	1	2	3
P	$\frac{27}{125}$	$\frac{54}{125}$	$\frac{36}{125}$	$\frac{8}{125}$

X 的分布函数为

$$F(x) = \begin{cases} 0, & x<0, \\ \dfrac{27}{125}, & 0 \leqslant x<1, \\ \dfrac{81}{125}, & 1 \leqslant x<2, \\ \dfrac{117}{125}, & 2 \leqslant x<3, \\ 1, & x \geqslant 3, \end{cases}$$

$$E(X) = \frac{54}{125} + \frac{72}{125} + \frac{24}{125} = \frac{150}{125} = \frac{6}{5}.$$

5. 设随机变量服从几何分布 $G(p)$，其分布列为

$$P(X=k) = (1-p)^{k-1}p, \ 0<p<1, k=1,2,\cdots,$$

求 $E(X)$ 与 $D(X)$.

解 1
$$E(X) = \sum_{k=1}^{\infty} k(1-p)^{k-1}p = p\sum_{k=1}^{\infty} kq^{k-1} = p\sum_{k=1}^{\infty} (x^k)' \bigg|_{x=q} = p\left(\sum_{k=1}^{\infty} x^k\right)' \bigg|_{x=q},$$

其中 $q=1-p$. 由函数的幂级数展开式有

$$\sum_{k=0}^{\infty} x^k = \frac{1}{1-x},$$

所以

$$E(X) = p\left[\frac{1}{1-x}-1\right]' \bigg|_{x=q} = p\frac{1}{(1-x)^2}\bigg|_{x=q} = \frac{1}{p}.$$

因为

$$E(X^2) = \sum_{k=1}^{\infty} k^2 pq^{k-1} = p\left[x\left(\sum_{k=1}^{\infty} x^k\right)'\right]'\bigg|_{x=q} = p\left[\frac{x}{(1-x)^2}\right]'\bigg|_{x=q} = \frac{2-p}{p^2},$$

所以

$$D(X) = E(X^2) - [E(X)]^2 = \frac{2-p}{p^2} - \frac{1}{p^2} = \frac{q}{p^2}.$$

解 2
$$E(X) = p + 2pq + 3pq^2 + \cdots + kpq^{k-1} + \cdots$$
$$= p(1 + 2q + 3q^2 + \cdots + kq^{k-1} + \cdots).$$

设

$$S = 1 + 2q + 3q^2 + \cdots + kq^{k-1} + \cdots, \tag{1}$$

则

$$qS = q + 2q^2 + 3q^3 + \cdots + kq^k + \cdots. \tag{2}$$

(1)式-(2)式得

$$(1-q)S = 1 + q + q^2 + \cdots + q^{k-1} + \cdots = \frac{1}{1-q},$$

所以

$$S = \frac{1}{(1-q)^2} = \frac{1}{p^2}.$$

从而,得

$$E(X) = pS = p \cdot \frac{1}{p^2} = \frac{1}{p},$$

$$E(X^2) = p + 2^2 pq + 3^2 pq^2 + \cdots + n^2 pq^{n-1} + \cdots$$
$$= p(1 + 2^2 q + 3^2 q^2 + \cdots + n^2 q^{n-1} + \cdots) \triangleq pS_1,$$

$$qS_1 = q + 2^2 q^2 + 3^2 q^3 + \cdots + n^2 q^n + \cdots,$$

$$(1-q)S_1 = 1 + 3q + 5q^2 + \cdots + (2n-1)q^{n-1} + \cdots \triangleq S_2,$$

$$qS_2 = q + 3q^2 + 5q^3 + \cdots + (2n-1)q^n + \cdots,$$

$$(1-q)S_2 = 1 + 2(q + q^2 + \cdots + q^{n-1} + \cdots) = 1 + \frac{2q}{1-q} = 1 + \frac{2q}{p},$$

$$S_2 = \frac{1}{p} + \frac{2q}{p^2},$$

于是

$$S_1 = \frac{S_2}{p} = \frac{1}{p^2} + \frac{2q}{p^3}.$$

所以

$$E(X^2) = p\left(\frac{1}{p^2} + \frac{2q}{p^3}\right) = \frac{1}{p} + \frac{2q}{p^2},$$

故 X 的方差为

$$D(X) = E(X^2) - [E(X)]^2 = \frac{1}{p} + \frac{2q}{p^2} - \frac{1}{p^2} = \frac{q}{p^2} = \frac{1-p}{p^2}.$$

6. 设随机变量 X 分别具有下列概率密度,求其数学期望和方差:

(1) $f(x) = \frac{1}{2} e^{-|x|}$;

(2) $f(x) = \begin{cases} 1 - |x|, & |x| \leq 1, \\ 0, & |X| > 1; \end{cases}$

(3) $f(x) = \begin{cases} \frac{15}{16} x^2 (x-2)^2, & 0 \leq x \leq 2, \\ 0, & \text{其他}; \end{cases}$

(4) $f(x) = \begin{cases} x, & 0 \leq x < 1, \\ 2 - x, & 1 \leq x \leq 2, \\ 0, & \text{其他}. \end{cases}$

解 (1) $E(X) = \int_{-\infty}^{+\infty} x \cdot \frac{1}{2} e^{-|x|} dx = 0$(因为被积函数为奇函数),

$$D(X) = E(X^2) = \int_{-\infty}^{+\infty} x^2 \frac{1}{2} e^{-|x|} dx = \int_0^{+\infty} x^2 e^{-x} dx$$
$$= -x^2 e^{-x} \Big|_0^{+\infty} + 2\int_0^{+\infty} x e^{-x} dx = 2\left[-x e^{-x} \Big|_0^{+\infty} + \int_0^{+\infty} e^{-x} dx\right] = 2;$$

(2) $$E(X) = \int_{-1}^{1} x(1-|x|) dx = 0,$$

$$D(X) = E(X^2) = \int_{-1}^{1} x^2(1-|x|)\,dx = 2\int_{0}^{1}(x^2-x^3)\,dx = 2\left[\frac{x^3}{3}-\frac{x^4}{4}\right]_0^1 = \frac{1}{6};$$

（3）
$$E(X) = \int_0^2 \frac{15}{16} x^3 (x-2)^2\,dx = \frac{15}{16}\int_0^2 (x^5-4x^4+4x^3)\,dx$$
$$= \frac{15}{16}\left[\frac{x^6}{6}-\frac{4}{5}x^5+\frac{4x^4}{4}\right]_0^2 = \frac{15}{16}\cdot\frac{16}{15} = 1,$$
$$E(X^2) = \int_0^2 \frac{15}{16}(x^6-4x^5+4x^4)\,dx = \frac{15}{16}\left[\frac{x^7}{7}-\frac{4x^6}{6}+\frac{4x^5}{5}\right]_0^2 = \frac{8}{7},$$

所以
$$D(X) = E(X^2) - [E(X)]^2 = \frac{8}{7} - 1 = \frac{1}{7}.$$

（4）
$$E(X) = \int_0^1 x^2\,dx + \int_1^2 (2x-x^2)\,dx = \frac{1}{3}+x^2\Big|_1^2 - \frac{x^3}{3}\Big|_1^2 = \frac{2}{3}+3-\frac{8}{3} = 1,$$
$$E(X^2) = \int_0^1 x^3\,dx + \int_1^2 (2x^2-x^3)\,dx = \frac{1}{4}+\frac{2}{3}(8-1)-\frac{1}{4}(16-1) = \frac{14}{12},$$

所以
$$D(X) = \frac{14}{12} - 1 = \frac{1}{6}.$$

7. 设 X 是取非负整数值的随机变量，且 X 的数学期望存在．证明：
$$E(X) = \sum_{k=1}^{\infty} P(X \geq k).$$

证 设 X 的分布列为
$$P(X=k) = p_k, k=0,1,2,\cdots,$$
则
$$E(X) = \sum_{k=0}^{\infty} kP(X=k) = \sum_{k=1}^{\infty} kP(X=k)$$
$$= (P(X=1)+P(X=2)+\cdots)+(P(X=2)+P(X=3)+\cdots)+(P(X=3)+P(X=4)+\cdots)+\cdots$$
$$= \sum_{k=1}^{\infty} P(X \geq k).$$

8. 掷一枚非均匀的硬币，出现正面的概率为 $p(0<p<1)$．若以 X 表示直至掷到正、反面都出现时为止所需投掷次数，求随机变量 X 的数学期望（提示：利用第 7 题）．

解 1 X 的分布列为
$$P(X=k) = p^{k-1}(1-p) + (1-p)^{k-1}p, k=2,3,\cdots,$$
等价于 $Y = X-2$,
$$P(Y=m) = p^{m+1}(1-p) + (1-p)^{m+1}p \quad m=0,1,2,\cdots.$$
则
$$E(Y) = \sum_{m=1}^{\infty} P(Y \geq m) = \sum_{m=1}^{\infty}[p^{m+1}(1-p)+(1-p)^{m+1}p] + \sum_{m=2}^{\infty}[p^{m+1}(1-p)+(1-p)^{m+1}p]+\cdots$$
$$= p^2+(1-p)^2+p^3+(1-p)^3+\cdots$$

$$= \frac{p^2}{1-p} + \frac{(1-p)^2}{p} = \frac{1-3p+3p^2}{p(1-p)},$$

因此 $E(X) = E(Y) + 2 = \frac{1-p+p^2}{p(1-p)}$.

解 2 X 的分布列为
$$P(X=k) = p^{k-1}(1-p) + (1-p)^{k-1}p, k=2,3,\cdots,$$

则
$$E(X) = \sum_{k=2}^{\infty} k p^{k-1}(1-p) + \sum_{k=2}^{\infty} k(1-p)^{k-1} p$$
$$= \left(\sum_{k=2}^{\infty} x^k\right)'(1-p) + \left(\sum_{k=2}^{\infty} y^k\right)' p \text{（其中 } x=p, y=1-p\text{）}$$
$$= \frac{2x-x^2}{(1-x)^2}(1-p) + \frac{2y-y^2}{(1-y)^2} p$$
$$= \frac{2p-p^2}{1-p} + \frac{1-p^2}{p}$$
$$= \frac{1-p+p^2}{p(1-p)}.$$

9. 设连续型随机变量 X 的所有可能值在区间 $[a,b]$ 之内，证明：

(1) $a \leqslant E(X) \leqslant b$；

(2) $D(X) \leqslant \frac{(b-a)^2}{4}$.

证 (1) 因为 $a \leqslant X \leqslant b$，所以 $E(a) \leqslant E(X) \leqslant E(b)$，即 $a \leqslant E(X) \leqslant b$；

(2) 因为对于任意的常数 C 有
$$D(X) \leqslant E(X-C)^2,$$

取 $C = \frac{a+b}{2}$，则有
$$D(X) \leqslant E\left(X - \frac{a+b}{2}\right)^2 \leqslant E\left(b - \frac{a+b}{2}\right)^2 = E\left(\frac{b-a}{2}\right)^2 = \frac{(b-a)^2}{4}.$$

10. 在习题 3 的第 4 题中，求 $E\left(\frac{1}{1+X}\right)$.

解 因 X 的分布列为

X	0	1	2	3
P	$\frac{1}{2}$	$\frac{1}{4}$	$\frac{1}{8}$	$\frac{1}{8}$

所以
$$E\left(\frac{1}{1+X}\right) = \frac{1}{2} + \frac{1}{2} \times \frac{1}{4} + \frac{1}{3} \times \frac{1}{8} + \frac{1}{4} \times \frac{1}{8} = \frac{67}{96}.$$

11. 设随机变量 X 的概率密度为
$$f(x) = \begin{cases} ax, & 0 < x < 2, \\ cx+b, & 2 \leqslant x \leqslant 4, \\ 0, & \text{其他,} \end{cases}$$

已知 $E(X)=2$, $P(1<X<3)=\dfrac{3}{4}$, 求:

(1) a,b,c 的值;

(2) 随机变量 $Y=e^X$ 的数学期望与方差.

解 (1)
$$1=\int_{-\infty}^{+\infty}f(x)\mathrm{d}x=\int_0^2 ax\mathrm{d}x+\int_2^4(cx+b)\mathrm{d}x$$
$$=\dfrac{a}{2}x^2\Big|_0^2+\dfrac{c}{2}x^2\Big|_2^4+bx\Big|_2^4=2a+2b+6c,$$
$$2=\int_{-\infty}^{+\infty}xf(x)\mathrm{d}x=\int_0^2 ax^2\mathrm{d}x+\int_2^4(cx+b)x\mathrm{d}x$$
$$=\dfrac{8}{3}a+\dfrac{56}{3}c+6b,$$
$$\dfrac{3}{4}=\int_1^2 ax\mathrm{d}x+\int_2^3(cx+b)\mathrm{d}x=\dfrac{3}{2}a+\dfrac{5}{2}c+b.$$

解方程组
$$\begin{cases} a+b+3c=\dfrac{1}{2},\\ 8a+18b+56c=6,\\ 3a+2b+5c=\dfrac{3}{2}, \end{cases}$$

得
$$a=\dfrac{1}{4}, b=1, c=-\dfrac{1}{4};$$

(2) $E(Y)=E(e^X)=\int_{-\infty}^{+\infty}e^x f(x)\mathrm{d}x=\int_0^2\dfrac{1}{4}xe^x\mathrm{d}x+\int_2^4\left(-\dfrac{1}{4}x+1\right)e^x\mathrm{d}x=\dfrac{1}{4}(e^2-1)^2,$

$E(Y^2)=E(e^{2X})=\int_{-\infty}^{+\infty}e^{2x}f(x)\mathrm{d}x=\int_0^2\dfrac{1}{4}xe^{2x}\mathrm{d}x+\int_2^4\left(-\dfrac{1}{4}x+1\right)e^{2x}\mathrm{d}x$

$=\dfrac{1}{4}(e^2-1)^2\left[e^2+\dfrac{1}{4}(e^2-1)^2\right],$

$D(Y)=E(Y^2)-[E(Y)]^2=\dfrac{1}{4}e^2(e^2-1)^2.$

12. 已知甲、乙两箱中装有同种产品,其中甲箱中装有 3 件合格品和 3 件次品,乙箱中仅装有 3 件合格品. 从甲箱中任取 3 件产品放入乙箱后,求:

(1) 乙箱中次品件数 X 的数学期望;

(2) 从乙箱中任取一件产品是次品的概率.

解 (1) 乙箱中次品件数 X 即为从甲箱中取出的次品数, 则
$$P(X=k)=\dfrac{C_3^k C_3^{3-k}}{C_6^3}, k=0,1,2,3,$$

故 X 的分布列为

X	0	1	2	3
P	$\dfrac{1}{20}$	$\dfrac{9}{20}$	$\dfrac{9}{20}$	$\dfrac{1}{20}$

因此
$$E(X) = 0 \times \frac{1}{20} + 1 \times \frac{9}{20} + 2 \times \frac{9}{20} + 3 \times \frac{1}{20} = \frac{3}{2}.$$

（2）设 $B =$ "从乙箱中任取一件产品是次品"，则
$$P(B) = \sum_{k=0}^{3} P(X=k) P(B \mid X=k)$$
$$= \frac{1}{20} \times 0 + \frac{9}{20} \times \frac{1}{6} + \frac{9}{20} \times \frac{2}{6} + \frac{1}{20} \times \frac{3}{6} = \frac{1}{4}.$$

13. 设随机变量 X 的概率密度为
$$f(x) = \begin{cases} \dfrac{1}{2}\cos\dfrac{x}{2}, & 0 \leqslant x \leqslant \pi, \\ 0, & \text{其他}, \end{cases}$$

对 X 独立地重复观测 4 次，用 Y 表示观测值大于 $\dfrac{\pi}{3}$ 的次数，求 Y^2 的数学期望.

解　$p = P\left(X > \dfrac{\pi}{3}\right) = \int_{\frac{\pi}{3}}^{\pi} \dfrac{1}{2}\cos\dfrac{x}{2}\,\mathrm{d}x = \sin\dfrac{x}{2}\Big|_{\frac{\pi}{3}}^{\pi} = \dfrac{1}{2},$

则 $Y \sim B\left(4, \dfrac{1}{2}\right)$，因此
$$E(Y^2) = D(Y) + [E(Y)]^2 = 4 \times \frac{1}{2} \times \frac{1}{2} + \left(4 \times \frac{1}{2}\right)^2 = 5.$$

14.（超几何分布的数学期望）设 N 件产品中有 M 件次品，从中任取 n 件进行检查，求查得的次品数 X 的数学期望.

解　设
$$X_i = \begin{cases} 1, & \text{第 } i \text{ 次取到次品}, \\ 0, & \text{第 } i \text{ 次取到正品}, \end{cases} \quad i = 1, 2, \cdots, n,$$

则 $X = \sum\limits_{i=1}^{n} X_i$，其中 X_i 的分布列为

X_i	0	1
P	$\dfrac{N-M}{N}$	$\dfrac{M}{N}$

则
$$E(X_i) = \frac{M}{N}, i = 1, 2, \cdots, n,$$

故
$$E(X) = \sum_{i=1}^{n} E(X_i) = \frac{nM}{N}.$$

注:(1) 因 X 的分布列为 $P(X=k)=\dfrac{C_M^k C_{N-M}^{n-k}}{C_N^n}$,$k=0,1,\cdots,n$,所以 X 的期望为 $E(X)=\sum\limits_{k=0}^{n} k\dfrac{C_M^k C_{N-M}^{n-k}}{C_N^n}$,由上面的计算得 $\sum\limits_{k=0}^{n}\dfrac{kC_M^k C_{N-M}^{n-k}}{C_N^n}=\dfrac{nM}{N}$.

(2) 若 X 表示 n 次有放回地抽取所得次品数,则 $X \sim B\left(n,\dfrac{M}{N}\right)$,此时 $E(X)=n\dfrac{M}{N}$,这与超几何分布的期望相同.

15. 对三台仪器进行检验,各台仪器产生故障的概率分别为 p_1,p_2,p_3,求产生故障仪器的台数 X 的数学期望与方差.

解 X 的分布列为

X	0	1	2	3
P	$(1-p_1)(1-p_2)(1-p_3)$	$p_1(1-p_2)(1-p_3)+$ $(1-p_1)p_2(1-p_3)+$ $(1-p_1)(1-p_2)p_3$	$p_1p_2(1-p_3)+$ $p_1(1-p_2)p_3+$ $(1-p_1)p_2p_3$	$p_1p_2p_3$

由此计算 $E(X)$ 和 $D(X)$ 相当烦琐,下面利用期望的性质进行计算.

设

$$X_i=\begin{cases}1, & \text{第}\,i\,\text{台仪器出现故障},\\ 0, & \text{第}\,i\,\text{台仪器不出故障},\end{cases} i=1,2,3,$$

$X_i(i=1,2,3)$ 的分布如下:

X_i	0	1
P	$1-p_i$	p_i

于是

$$E(X_i)=p_i,\,i=1,2,3,$$
$$D(X_i)=p_i(1-p_i),\,i=1,2,3,$$

故

$$E(X)=\sum_{i=1}^{3}E(X_i)=p_1+p_2+p_3,$$
$$D(X)=\sum_{i=1}^{3}D(X_i)=p_1(1-p_1)+p_2(1-p_2)+p_3(1-p_3).$$

16. 一袋子中有 n 张卡片,分别记有号码 $1,2,\cdots,n$. 从中有放回地抽取 k 张,以 X 表示所得号码之和,求 $E(X),D(X)$.

解 设 X_i 为第 i 张的号码,$i=1,2,\cdots,k$,则 X_i 的分布列为

X_i	1	2	$\cdots$	n
P	$\dfrac{1}{n}$	$\dfrac{1}{n}$	$\cdots$	$\dfrac{1}{n}$

则
$$E(X_i) = \frac{1}{n}(1+2+\cdots+n) = \frac{n+1}{2}, i=1,2,\cdots,k,$$
$$E(X_i^2) = \frac{1}{n}(1+4+\cdots+n^2) = \frac{(n+1)(2n+1)}{6},$$
$$D(X_i) = E(X_i^2) - [E(X_i)]^2 = \frac{(n+1)(2n+1)}{6} - \frac{(n+1)^2}{4}$$
$$= \frac{n+1}{12}(4n+2-3n-3) = \frac{n^2-1}{12},$$
所以
$$E(X) = \frac{k(n+1)}{2}, D(X) = \frac{k(n^2-1)}{12}.$$

17. 将 n 只球(编号为 $1,2,\cdots,n$)随机地放入 n 个盒子(编号为 $1,2,\cdots,n$)中去. 一个盒放一只球,将一只球放入与球同号的盒子算为一个配对,记 X 为配对的个数,求 $E(X)$.

解 设
$$X_i = \begin{cases} 1, & \text{第 } i \text{ 号球放入 } i \text{ 号盒}, \\ 0, & \text{其他}, \end{cases} \quad i=1,2,\cdots,n,$$
则 $X = \sum_{i=1}^{n} X_i$,其中 X_i 的分布列为

X_i	0	1
P	$1-\dfrac{1}{n}$	$\dfrac{1}{n}$

于是
$$E(X_i) = \frac{1}{n},$$
故
$$E(X) = \sum_{i=1}^{n} E(X_i) = n \cdot \frac{1}{n} = 1.$$

18. 从 10 双不同的鞋子中任取 8 只,记 X 为这 8 只鞋子中成双的对数,求 $E(X)$.

解 X 的分布列为
$$P(X=k) = \frac{C_{10}^k C_{10-k}^{8-2k} \cdot 2^{8-2k}}{C_{20}^8}, k=0,1,\cdots,4,$$
即

X	0	1	2	3	4
P	0.091 5	0.426 8	0.400 0	0.080 0	0.001 7

故
$$E(X) = 0.426\ 8 + 2 \times 0.400\ 0 + 3 \times 0.080\ 0 + 4 \times 0.001\ 7 = 1.473\ 6.$$

19. 一商店经销某种商品,每周进货量 X 与顾客对该种商品的需求量 Y 是相互独立的随机变量,且都服从区间 $[10,20]$ 上的均匀分布.商店每售出一单位商品可得利润 1 000 元;若需求量超过了进货量,商店可从其他商店调剂供应,这时每单位商品获利润 500 元.试计算此商店经销该种商品每周所得利润的数学期望值.

解 设 T 为一周内所得利润,则
$$T = g(X,Y) = \begin{cases} 1\,000Y, & X>Y, \\ 1\,000X+500(Y-X), & X \leqslant Y \end{cases}$$
$$= \begin{cases} 1\,000Y, & X>Y, \\ 500(X+Y), & X \leqslant Y, \end{cases}$$
$$E(T) = E[g(X,Y)] = \int_{-\infty}^{+\infty} g(x,y)f(x,y)\mathrm{d}x\mathrm{d}y,$$

其中
$$f(x,y) = \begin{cases} \dfrac{1}{100}, & 10 \leqslant x \leqslant 20, 10 \leqslant y \leqslant 20, \\ 0, & \text{其他}. \end{cases}$$

区域 $\{(x,y) \mid 10 \leqslant x \leqslant 20, 10 \leqslant y \leqslant 20\}$ 如图 5.1 所示,分为 D_1, D_2 两部分,则

$$E(T) = \iint_{D_1} 1\,000y \cdot \frac{1}{100}\mathrm{d}x\mathrm{d}y + \iint_{D_2} 500(x+y) \cdot \frac{1}{100}\mathrm{d}x\mathrm{d}y$$
$$= 10\int_{10}^{20}\mathrm{d}y\int_{y}^{20}y\mathrm{d}x + 5\int_{10}^{20}\mathrm{d}y\int_{10}^{y}(x+y)\mathrm{d}x$$
$$= 10\int_{10}^{20}y(20-y)\mathrm{d}y + 5\int_{10}^{20}\left(\frac{3}{2}y^2-10y-50\right)\mathrm{d}y$$
$$= \frac{20\,000}{3} + 5 \times 1\,500 \approx 14\,166.67.$$

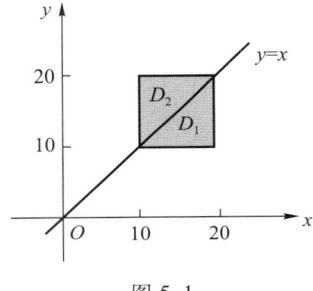

图 5.1

20. 游客乘电梯从底层到电视塔顶层观光,电梯于每个整点后的 5 min、25 min 和 55 min 从底层起行.假设一游客在早 8 点后的 X min 到达底层候梯处,且 X 在 $[0,60]$ 上服从均匀分布,求该游客等候时间的数学期望.

解 设候梯时间为 T,则
$$T = g(X) = \begin{cases} 5-X, & X \leqslant 5, \\ 25-X, & 5<X \leqslant 25, \\ 55-X, & 25<X \leqslant 55, \\ 60-X+5, & X>55, \end{cases}$$
$$E(T) = E[g(X)] = \int_{-\infty}^{+\infty} g(x)f(x)\mathrm{d}x = \int_{0}^{60} g(x) \cdot \frac{1}{60}\mathrm{d}x$$
$$= \frac{1}{60}\left[\int_{0}^{5}(5-x)\mathrm{d}x + \int_{5}^{25}(25-x)\mathrm{d}x + \int_{25}^{55}(55-x)\mathrm{d}x + \int_{55}^{60}(65-x)\mathrm{d}x\right]$$
$$= \frac{1}{60}(12.5+200+450+37.5) = 11.67.$$

21. 设某种商品每周的需求量 X 是服从区间 $[10,30]$ 上均匀分布的随机变量,而经销商店进货数量为区间 $[10,30]$ 中的某一个整数.商店每销售一单位商品可获利 500 元;若供大于求则削

价处理,每处理一单位商品亏损 100 元;若供不应求,则从外部调剂供应,此时每一单位商品仅获利 300 元. 为使商店所获利润期望值不少于 9 280 元,试确定最小进货量.

解 设商店获得的利润为 T,进货量为 y,则

$$T = g(X) = \begin{cases} 500y + (X-y) \times 300, & y < X \leq 30, \\ 500X - (y-X) \times 100, & 10 \leq X < y \end{cases}$$

$$= \begin{cases} 300X + 200y, & y < X \leq 30, \\ 600X - 100y, & 10 \leq X \leq y. \end{cases}$$

由题意,有

$$9\,280 \leq E(T) = \int_{-\infty}^{+\infty} g(x)f(x)\,\mathrm{d}x$$

$$= \frac{1}{20}\left[\int_{10}^{y}(600x - 100y)\,\mathrm{d}x + \int_{y}^{30}(300x + 200y)\,\mathrm{d}x\right]$$

$$= -7.5y^2 + 350y + 5\,250,$$

即

$$7.5y^2 - 350y + 4\,030 \leq 0.$$

解不等式得

$$20\frac{2}{3} \leq y \leq 26,$$

因此使利润的期望值不少于 9 280 元的最小进货量为 21 个单位.

22. 设随机变量 X 与 Y 同分布,且 X 的概率密度为

$$f(x) = \begin{cases} \dfrac{3}{8}x^2, & 0 < x < 2, \\ 0, & \text{其他}, \end{cases}$$

(1)已知事件 $A = \{X > a\}$ 和事件 $B = \{Y > a\}$ 相互独立,且 $P(A \cup B) = \dfrac{3}{4}$,求常数 a;

(2)求 $E\left(\dfrac{1}{X^2}\right)$.

解(1)

$$P(X > a) = \int_a^2 \frac{3}{8}x^2\,\mathrm{d}x = \frac{1}{8}(8 - a^3),$$

$$\frac{3}{4} = P(A \cup B) = P(A) + P(B) - P(AB)$$

$$= \frac{2}{8}(8 - a^3) - \frac{1}{64}(8 - a^3)^2,$$

即有方程

$$(8 - a^3)^2 - 16(8 - a^3) + 48 = 0,$$

即

$$[(8 - a^3) - 12][(8 - a^3) - 4] = 0,$$

可见

$$8 - a^3 = 12 \quad \text{或} \quad 8 - a^3 = 4.$$

解之得 $a = \sqrt[3]{4}$ 或 $a = -\sqrt[3]{4}$(不合题意,舍去),故 $a = \sqrt[3]{4}$.

(2)
$$E\left(\frac{1}{X^2}\right) = \int_0^2 \frac{3}{8} dx = \frac{3}{4}.$$

23. 在习题 4 的第 15 题中，求 $Z = \sin\frac{\pi(X+Y)}{2}$ 的数学期望.

解 X,Y 的联合概率分布为

(x,y)	(0,0)	(0,1)	(1,0)	(1,1)	(2,0)	(2,1)
p_{ij}	0.10	0.15	0.25	0.20	0.15	0.15

$$E(Z) = \sin\frac{\pi}{2} \times 0.15 + \sin\frac{\pi}{2} \times 0.25 + \sin\pi \times 0.20 + \sin\pi \times 0.15 + \sin\frac{3\pi}{2} \times 0.15$$
$$= 0.15 + 0.25 - 0.15 = 0.25.$$

24. 设二维随机变量 (X,Y) 的分布列为

X	\	Y	\	$p_i.$
	−1	0	1	
1	0.2	0.1	0.1	0.4
2	0.1	0	0.1	0.2
3	0	0.3	0.1	0.4
$p._j$	0.3	0.4	0.3	

(1) 求 $E(X), E(Y)$；

(2) 设 $Z = \dfrac{Y}{X}$，求 $E(Z)$；

(3) 设 $W = (X-Y)^2$，求 $E(W)$.

解 (1) $E(X) = 0.4 + 2 \times 0.2 + 3 \times 0.4 = 2,$
$E(Y) = -1 \times 0.3 + 0.3 = 0;$

(2) $E(Z) = E\left(\dfrac{Y}{X}\right) = \sum_i \sum_j \dfrac{y_j}{x_i} p_{ij} = -1 \times 0.2 - \dfrac{1}{2} \times 0.1 - \dfrac{1}{3} \times 0 + 0.1 + \dfrac{1}{2} \times 0.1 + \dfrac{1}{3} \times 0.1 = -\dfrac{1}{15};$

(3) $E(W) = E[(X-Y)^2]$
$= D(X-Y) + [E(X-Y)]^2$
$= D(X) + D(Y) - 2[E(XY) - E(X)E(Y)] + [E(X) - E(Y)]^2$
$= \{E(X^2) - [E(X)]^2\} + \{E(Y^2) - [E(Y)]^2\} - 2\left(\sum_i \sum_j x_i y_j p_{ij} - 0\right) + 4$
$= (0.4 + 4 \times 0.2 + 9 \times 0.4 - 4) + (0.3 + 0.3) - 2(-0.2 - 2 \times 0.1 + 0.1 + 2 \times 0.1 + 3 \times 0.1) + 4$
$= 0.8 + 0.6 - 0.4 + 4 = 5,$

或
$$E(W) = E(X-Y)^2 = E(X^2 - 2XY + Y^2) = E(X^2) - 2E(XY) + E(Y^2)$$
$= 0.4 + 4 \times 0.2 + 9 \times 0.4 - 2(-0.2 - 2 \times 0.1 + 0.1 + 2 \times 0.1 + 3 \times 0.1) + 0.3 + 0.3$
$= 4.8 - 0.4 + 0.6 = 5,$

或求 $(X-Y)^2$ 的分布列

$(X-Y)^2$	0	1	4	9	16
P	0.1	0.2	0.3	0.4	0

可得
$$E(W) = 0.2 + 4 \times 0.3 + 9 \times 0.4 = 5.$$

25. 设二维离散型随机变量 (X,Y) 在点 $(1,1)$, $\left(\dfrac{1}{2},\dfrac{1}{4}\right)$, $\left(-\dfrac{1}{2},-\dfrac{1}{4}\right)$, $(-1,-1)$ 的概率均为 $\dfrac{1}{4}$, 求 $E(X), E(Y), D(X), D(Y), E(XY)$.

解
$$E(X) = -1 \times \frac{1}{4} - \frac{1}{2} \times \frac{1}{4} + \frac{1}{2} \times \frac{1}{4} + 1 \times \frac{1}{4} = 0,$$
$$E(X^2) = \frac{1}{4} + \frac{1}{16} + \frac{1}{16} + \frac{1}{4} = \frac{10}{16} = \frac{5}{8},$$

所以
$$D(X) = \frac{5}{8},$$
$$E(Y) = -1 \times \frac{1}{4} - \frac{1}{4} \times \frac{1}{4} + \frac{1}{4} \times \frac{1}{4} + 1 \times \frac{1}{4} = 0,$$
$$D(Y) = E(Y^2) = \frac{1}{4} + \frac{1}{64} + \frac{1}{64} + \frac{1}{4} = \frac{17}{32},$$
$$E(XY) = (-1) \times (-1) \times \frac{1}{4} + \left(-\frac{1}{2}\right) \times \left(-\frac{1}{4}\right) \times \frac{1}{4} + \left(\frac{1}{2} \times \frac{1}{4}\right) \times \frac{1}{4} + 1 \times 1 \times \frac{1}{4}$$
$$= \frac{1}{4}\left(1 + \frac{1}{8} + \frac{1}{8} + 1\right) = \frac{9}{16}.$$

26. 设二维随机变量 (X,Y) 的概率密度为
$$f(x,y) = \begin{cases} 4xy e^{-(x^2+y^2)}, & x>0, y>0, \\ 0, & \text{其他}, \end{cases}$$
求 $Z = \sqrt{X^2+Y^2}$ 的数学期望.

解
$$E(Z) = E(\sqrt{X^2+Y^2}) = \int_0^{+\infty}\int_0^{+\infty} \sqrt{x^2+y^2} \cdot 4xy e^{-(x^2+y^2)} dx dy$$
$$= 4\int_0^{\frac{\pi}{2}}\int_0^{+\infty} r \cdot r^2 \cos\theta \sin\theta \, e^{-r^2} r \, dr \, d\theta$$
$$= \int_0^{\frac{\pi}{2}} \sin 2\theta \, d(2\theta) \int_0^{+\infty} r^4 e^{-r^2} dr$$
$$= -\cos 2\theta \Big|_0^{\frac{\pi}{2}} \frac{1}{2}\left(-r^3 e^{-r^2}\Big|_0^{+\infty} + \int_0^{+\infty} 3r^2 e^{-r^2} dr\right)$$
$$= \frac{1}{2}\left[3\left(-re^{-r^2}\Big|_0^{+\infty} + \int_0^{+\infty} e^{-r^2} dr\right)\right]$$
$$= \frac{3}{2}\int_0^{+\infty} e^{-r^2} dr = \frac{3}{4}\int_{-\infty}^{+\infty} e^{-r^2} dr \xrightarrow{\diamondsuit r = \frac{t}{\sqrt{2}}} \frac{1}{4} 3\sqrt{\pi} \int_{-\infty}^{+\infty} \frac{1}{\sqrt{2\pi}} e^{-\frac{t^2}{2}} dt$$

$$= \frac{3\sqrt{\pi}}{4} = \frac{3}{4}\sqrt{\pi}.$$

27. 设二维随机变量 (X,Y) 的概率密度为

$$f(x,y) = \begin{cases} 1, & |y|<x, 0<x<1, \\ 0, & \text{其他}, \end{cases}$$

求 $E(X), E(Y), E(XY), D(2X+1)$.

解 区域 $\{(x,y) \mid |y|<x, 0<x<1\}$ 如图 5.2 所示.

$$E(X) = \int_0^1 x \left(\int_{-x}^x \mathrm{d}y \right) \mathrm{d}x = \int_0^1 2x^2 \mathrm{d}x = \frac{2}{3},$$

$$E(Y) = \int_0^1 \mathrm{d}x \left(\int_{-x}^x y \mathrm{d}y \right) = 0,$$

$$E(XY) = \int_0^1 x \left(\int_{-x}^x y \mathrm{d}y \right) \mathrm{d}x = 0,$$

$$E(X^2) = \int_0^1 x^2 \left(\int_{-x}^x \mathrm{d}y \right) \mathrm{d}x = \int_0^1 2x^3 \mathrm{d}x = \frac{1}{2},$$

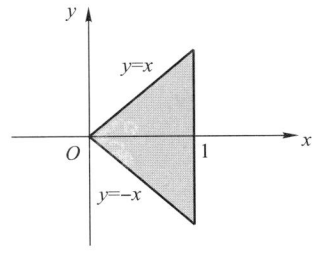

图 5.2

于是

$$D(X) = \frac{1}{2} - \left(\frac{2}{3}\right)^2 = \frac{1}{18},$$

故

$$D(2X+1) = 4D(X) = \frac{4}{18} = \frac{2}{9}.$$

28. 设随机变量 Y 服从参数为 $\lambda=1$ 的指数分布,随机变量

$$X_k = \begin{cases} 0, & Y \leqslant k, \\ 1, & Y > k, \end{cases} \quad k=1,2,$$

求:(1) X_1, X_2 的联合概率分布;(2) $E(X_1+X_2)$.

解 (1) (X_1, X_2) 的概率分布为

X_1	X_2	
	0	1
0	$1-\mathrm{e}^{-1}$	0
1	$\mathrm{e}^{-1}-\mathrm{e}^{-2}$	e^{-2}

$$P(X_1=0, X_2=0) = P(Y \leqslant 1, Y \leqslant 2) = P(Y \leqslant 1) = 1-\mathrm{e}^{-1},$$
$$P(X_1=0, X_2=1) = P(Y \leqslant 1, Y > 2) = 0,$$
$$P(X_1=1, X_2=0) = P(Y>1, Y \leqslant 2) = P(1<Y \leqslant 2) = \mathrm{e}^{-1}-\mathrm{e}^{-2},$$
$$P(X_1=1, X_2=1) = P(Y>1, Y>2) = P(Y>2) = 1-P(Y \leqslant 2) = \mathrm{e}^{-2};$$

(2) $$E(X_1+X_2) = E(X_1) + E(X_2) = \mathrm{e}^{-1} + \mathrm{e}^{-2}.$$

29. 设 X,Y 是两个相互独立的随机变量,其概率密度分别为

$$f_X(x)=\begin{cases}2x, & 0\leq x\leq 1,\\ 0, & 其他,\end{cases} \quad f_Y(y)=\begin{cases}e^{-(y-5)}, & y>5,\\ 0, & y\leq 5,\end{cases}$$

求 $E(XY), D(XY)$.

解 $$E(X)=\int_0^1 2x^2\mathrm{d}x=\frac{2}{3}, E(Y)=6.$$

注：因为参数为 1 的指数分布的数学期望为 1，而 $f_Y(y)$ 是参数为 1 的指数分布向右平移了 5 个单位，所以 $E(Y)=1+5=6$.

因为 X 与 Y 相互独立，所以

$$E(XY)=E(X)E(Y)=\frac{2}{3}\times 6=4,$$

现求 $D(XY)$.

方法 1 $$D(XY)=E(X^2Y^2)-[E(XY)]^2$$
$$=E(X^2)E(Y^2)-16=\int_0^1 2x^3\mathrm{d}x\cdot\{D(Y)+[E(Y)]^2\}-16$$
$$=\frac{1}{2}(1+36)-16=\frac{37}{2}-16=\frac{5}{2}=2.5.$$

方法 2 利用公式：当 X 与 Y 相互独立时，
$$D(XY)=D(X)D(Y)+D(X)[E(Y)]^2+D(Y)[E(X)]^2$$
$$=\frac{1}{18}\times 1+\frac{1}{18}\times 36+1\times\frac{4}{9}=2.5.$$

30. 在长为 l 的线段上，任取两点，求两点间距离的数学期望和方差.

解 以线段的左端点为原点建立坐标系，任取两点的坐标分别为 X, Y，则它们均在 $[0, l]$ 上服从均匀分布，且 X, Y 相互独立.

$$E(|X-Y|)=\int_{-\infty}^{+\infty}\int_{-\infty}^{+\infty}|x-y|f(x,y)\mathrm{d}x\mathrm{d}y=\int_0^l\int_0^x\frac{1}{l^2}(x-y)\mathrm{d}x\mathrm{d}y+\int_0^l\int_x^l\frac{1}{l^2}(y-x)\mathrm{d}x\mathrm{d}y$$
$$=\frac{1}{l^2}\left[\int_0^l\left(x^2-lx+\frac{l^2}{2}\right)\mathrm{d}x\right]=\frac{l}{3},$$

$$E(|X-Y|^2)=\int_0^l\int_0^l(x-y)^2\frac{1}{l^2}\mathrm{d}x\mathrm{d}y=\frac{1}{l^2}\left(2\int_0^l\int_0^l x^2\mathrm{d}x\mathrm{d}y-2\int_0^l\int_0^l xy\mathrm{d}x\mathrm{d}y\right)$$
$$=\frac{1}{l^2}\left(\frac{2}{3}l^4-\frac{l^4}{2}\right)=\frac{l^2}{6},$$

所以

$$D(|X-Y|)=\frac{l^2}{6}-\frac{l^2}{9}=\frac{l^2}{18}.$$

31. 设随机变量 X 与 Y 相互独立，且 X 服从均值为 1、标准差（均方差）为 $\sqrt{2}$ 的正态分布，而 Y 服从标准正态分布，试求随机变量 $Z=2X-Y+3$ 的概率密度.

解 因为相互独立的正态分布随机变量的线性组合仍为正态分布随机变量，所以 $Z\sim N(\mu,\sigma^2)$，其中

$$\mu=E(Z)=E(2X-Y+3)=2E(X)-E(Y)+3=5,$$
$$\sigma^2=D(Z)=D(2X-Y+3)=4D(X)+D(Y)=9,$$

所以随机变量 Z 的概率密度为

$$f_Z(z) = \frac{1}{3\sqrt{2\pi}} e^{-\frac{(z-5)^2}{18}}, -\infty < z < +\infty.$$

32. 设 X, Y 是两个相互独立的且均服从正态分布 $N\left(0, \frac{1}{2}\right)$ 的随机变量,求 $E(|X-Y|)$ 与 $D(|X-Y|)$.

解1
$$E(|X-Y|) = \int_{-\infty}^{+\infty}\int_{-\infty}^{+\infty} |x-y| f(x,y) \mathrm{d}x\mathrm{d}y$$

$$= \int_{-\infty}^{+\infty}\int_{-\infty}^{+\infty} |x-y| \frac{1}{(\sqrt{\pi})^2} e^{-\frac{(x^2+y^2)}{1}} \mathrm{d}x\mathrm{d}y$$

$$= \frac{1}{\pi}\int_{-\infty}^{+\infty}\int_{-\infty}^{x} (x-y) e^{-(x^2+y^2)} \mathrm{d}x\mathrm{d}y + \frac{1}{\pi}\int_{-\infty}^{+\infty}\int_{x}^{+\infty} (y-x) e^{-(x^2+y^2)} \mathrm{d}x\mathrm{d}y$$

$$= \frac{2}{\pi}\int_{-\infty}^{+\infty}\int_{-\infty}^{x} (x-y) e^{-(x^2+y^2)} \mathrm{d}x\mathrm{d}y$$

$$= \frac{2}{\pi}\left[\int_{-\infty}^{+\infty}\int_{-\infty}^{x} x e^{-(x^2+y^2)} \mathrm{d}x\mathrm{d}y - \int_{-\infty}^{+\infty}\int_{-\infty}^{x} y e^{-(x^2+y^2)} \mathrm{d}x\mathrm{d}y\right]$$

$$= \frac{2}{\pi}\left(\int_{-\frac{3\pi}{4}}^{\frac{\pi}{4}} \cos\theta \mathrm{d}\theta \int_0^{+\infty} r^2 e^{-r^2} \mathrm{d}r - \int_{-\frac{3\pi}{4}}^{\frac{\pi}{4}} \sin\theta \mathrm{d}\theta \int_0^{+\infty} r^2 e^{-r^2} \mathrm{d}r\right)$$

$$= \frac{2}{\pi}\left\{\sin\theta \Big|_{-\frac{3\pi}{4}}^{\frac{\pi}{4}} \left[\frac{1}{2}\left(-r e^{-r^2}\Big|_0^{+\infty} + \int_0^{+\infty} e^{-r^2} \mathrm{d}r\right)\right]\right\} +$$

$$\frac{2}{\pi}\left\{\cos\theta \Big|_{-\frac{3\pi}{4}}^{\frac{\pi}{4}} \left[\frac{1}{2}\left(-r e^{-r^2}\Big|_0^{+\infty} + \int_0^{+\infty} e^{-r^2} \mathrm{d}r\right)\right]\right\}$$

$$= \frac{4}{\pi}\left(\frac{\sqrt{2}}{4}\int_{-\infty}^{+\infty} e^{-r^2} \mathrm{d}r\right) = \frac{\sqrt{2}}{\sqrt{\pi}}\int_{-\infty}^{+\infty} \frac{1}{\sqrt{2\pi}} e^{-\frac{t^2}{2}} \mathrm{d}t = \sqrt{\frac{2}{\pi}},$$

$$E(|X-Y|^2) = E(X-Y)^2 = \int_{-\infty}^{+\infty}\int_{-\infty}^{+\infty} (x-y)^2 \frac{1}{\pi} e^{-\frac{x^2+y^2}{2 \cdot \frac{1}{2}}} \mathrm{d}x\mathrm{d}y$$

$$= \frac{1}{\pi}\int_{-\infty}^{+\infty}\int_{-\infty}^{+\infty} (x^2+y^2-2xy) e^{-(x^2+y^2)} \mathrm{d}x\mathrm{d}y$$

$$= \frac{1}{\pi}\int_0^{2\pi}\int_0^{+\infty} r^3 e^{-r^2} \mathrm{d}r\mathrm{d}\theta - \frac{2}{\pi}\int_0^{2\pi}\int_0^{+\infty} \sin\theta\cos\theta e^{-r^2} r^3 \mathrm{d}r\mathrm{d}\theta$$

$$= 2\left(-\frac{1}{2}r^2 e^{-r^2}\Big|_0^{+\infty} + \int_0^{+\infty} r e^{-r^2} \mathrm{d}r\right) + \frac{1}{2\pi}\left(\cos 2\theta \Big|_0^{2\pi} \int_0^{+\infty} r^3 e^{-r^2} \mathrm{d}r\right)$$

$$= 2\int_0^{+\infty} r e^{-r^2} \mathrm{d}r = -e^{-r^2}\Big|_0^{+\infty} = 1,$$

所以

$$D(|X-Y|) = 1 - \frac{2}{\pi}.$$

注:从上面的解题过程看,计算相当烦琐,下面给出一种简单的计算方法.

解2 设 $Z = X-Y$,则 $Z \sim N(0,1)$.

$$E(|X-Y|)=E(|Z|)=\int_{-\infty}^{+\infty}\frac{1}{\sqrt{2\pi}}|z|\mathrm{e}^{-\frac{z^2}{2}}\mathrm{d}z=\frac{2}{\sqrt{2\pi}}\int_{0}^{+\infty}z\mathrm{e}^{-\frac{z^2}{2}}\mathrm{d}z$$

$$=\sqrt{\frac{2}{\pi}}\left(-\mathrm{e}^{-\frac{z^2}{2}}\Big|_{0}^{+\infty}\right)=\sqrt{\frac{2}{\pi}},$$

$$E(|X-Y|^2)=E(Z^2)=D(Z)=1,$$

所以

$$D(|X-Y|)=E(|X-Y|^2)-[E(|X-Y|)]^2=1-\frac{2}{\pi}.$$

33. 设随机变量 X 与 Y 相互独立, 且都服从分布 $N(\mu,\sigma^2)$, 试证:

$$E(\max\{X,Y\})=\mu+\frac{\sigma}{\sqrt{\pi}}.$$

证1 令 $X_1=\dfrac{X-\mu}{\sigma}, Y_1=\dfrac{Y-\mu}{\sigma}$, 则 X_1,Y_1 仍相互独立且均服从分布 $N(0,1)$. 于是

$$X=\mu+\sigma X_1,\quad Y=\mu+\sigma Y_1,$$

从而

$$\max\{X,Y\}=\max\{\mu+\sigma X_1,\mu+\sigma Y_1\}$$
$$=\mu+\sigma\max\{X_1,Y_1\},$$
$$E(\max\{X,Y\})=\mu+\sigma E(\max\{X_1,Y_1\}),$$

$$E(\max\{X_1,Y_1\})=\int_{-\infty}^{+\infty}\int_{-\infty}^{+\infty}\max\{x_1,y_1\}\frac{1}{2\pi}\mathrm{e}^{-\frac{x_1^2+y_1^2}{2}}\mathrm{d}x_1\mathrm{d}y_1$$

$$=\iint_{x_1>y_1}x_1\cdot\frac{1}{2\pi}\mathrm{e}^{-\frac{x_1^2+y_1^2}{2}}\mathrm{d}x_1\mathrm{d}y_1+\iint_{x_1\leqslant y_1}y_1\cdot\frac{1}{2\pi}\mathrm{e}^{-\frac{x_1^2+y_1^2}{2}}\mathrm{d}x_1\mathrm{d}y_1\xrightarrow{\substack{x_1=r\cos\theta\\y_1=r\sin\theta}}$$

$$\frac{1}{2\pi}\int_{-\frac{5\pi}{4}}^{\frac{\pi}{4}}\cos\theta\mathrm{d}\theta\int_{0}^{+\infty}r^2\mathrm{e}^{-\frac{r^2}{2}}\mathrm{d}r+\frac{1}{2\pi}\int_{\frac{\pi}{4}}^{\frac{5\pi}{4}}\sin\theta\mathrm{d}\theta\int_{0}^{+\infty}r^2\mathrm{e}^{-\frac{r^2}{2}}\mathrm{d}r$$

$$=\frac{1}{2\pi}\left(\int_{-\frac{5\pi}{4}}^{\frac{\pi}{4}}\cos\theta\mathrm{d}\theta+\int_{\frac{\pi}{4}}^{\frac{5\pi}{4}}\sin\theta\mathrm{d}\theta\right)\int_{0}^{+\infty}r^2\mathrm{e}^{-\frac{r^2}{2}}\mathrm{d}r$$

$$=\frac{1}{2\pi}\left(\sin\theta\Big|_{-\frac{5\pi}{4}}^{\frac{\pi}{4}}-\cos\theta\Big|_{\frac{\pi}{4}}^{\frac{5\pi}{4}}\right)\left(-r\mathrm{e}^{-\frac{r^2}{2}}\Big|_{0}^{+\infty}+\int_{0}^{+\infty}\mathrm{e}^{-\frac{r^2}{2}}\mathrm{d}r\right)$$

$$=\frac{2}{2\pi}\left(\frac{1}{\sqrt{2}}+\frac{1}{\sqrt{2}}\right)\int_{0}^{+\infty}\mathrm{e}^{-\frac{r^2}{2}}\mathrm{d}r=\frac{\sqrt{2}}{2\pi}\int_{-\infty}^{+\infty}\mathrm{e}^{-\frac{r^2}{2}}\mathrm{d}r$$

$$=\frac{1}{\sqrt{\pi}}\int_{-\infty}^{+\infty}\frac{1}{\sqrt{2\pi}}\mathrm{e}^{-\frac{r^2}{2}}\mathrm{d}r=\frac{1}{\sqrt{\pi}},$$

所以

$$E(\max\{X,Y\})=\mu+\frac{\sigma}{\sqrt{\pi}}.$$

证2 X_1,Y_1 如上所设, 令 $Z=X_1-Y_1$, 则 $Z\sim N(0,2), \dfrac{Z}{\sqrt{2}}\sim N(0,1)$.

利用习题 5 的第 32 题的结果得

$$E(|Z|) = E(|X_1 - Y_1|) = \frac{2}{\sqrt{\pi}}.$$

由公式

$$\max\{X_1, Y_1\} = \frac{1}{2}(X_1 + Y_1 + |X_1 - Y_1|),$$

得

$$E(\max\{X, Y\}) = \mu + \sigma E(\max\{X_1, Y_1\})$$
$$= \mu + \sigma E\left[\frac{1}{2}(X_1 + Y_1 + |X_1 - Y_1|)\right]$$
$$= \mu + \sigma \cdot \frac{1}{\sqrt{\pi}} = \mu + \frac{\sigma}{\sqrt{\pi}}.$$

34. 设随机变量 $Z \sim U[-2,2]$，随机变量

$$X = \begin{cases} -1, & Z \leq -1, \\ 1, & Z > -1, \end{cases} \qquad Y = \begin{cases} -1, & Z \leq 1, \\ 1, & Z > 1, \end{cases}$$

求：(1) X 和 Y 的联合分布；

(2) $D(X+Y)$.

解 (1) $\quad P(X=1) = P(Z>-1) = \frac{3}{4}, P(X=-1) = \frac{1}{4},$

$$P(Y=1) = P(Z>1) = \frac{1}{4}, P(Y=-1) = \frac{3}{4},$$

$$P(X=1, Y=1) = P(Z>-1, Z>1) = P(Z>1) = \frac{1}{4},$$

因此 (X, Y) 的联合分布为

X	Y	
	-1	1
-1	$\frac{1}{4}$	0
1	$\frac{1}{2}$	$\frac{1}{4}$

(2) $\quad E(X) = -\frac{1}{4} + \frac{3}{4} = \frac{1}{2}, E(X^2) = \frac{1}{4} + \frac{3}{4} = 1,$

$$D(X) = E(X^2) - [E(X)]^2 = \frac{3}{4}, E(Y) = -\frac{3}{4} + \frac{1}{4} = -\frac{1}{2},$$

$$E(Y^2) = \frac{3}{4} + \frac{1}{4} = 1, D(Y) = E(Y^2) - [E(Y)]^2 = \frac{3}{4},$$

$$E(XY) = \frac{1}{4} - \frac{1}{2} + \frac{1}{4} = 0, \operatorname{Cov}(X, Y) = E(XY) - E(X)E(Y) = \frac{1}{4},$$

因此

$$D(X+Y) = D(X) + D(Y) + 2\operatorname{Cov}(X, Y)$$

$$= \frac{3}{4} + \frac{3}{4} + \frac{1}{2} = 2.$$

35. 已知 $D(X) = 25, D(Y) = 36, \rho_{XY} = 0.4$, 求 $D(X+Y)$ 及 $D(X-Y)$.

解
$$D(X+Y) = D(X) + D(Y) + 2\rho_{XY}\sqrt{D(X)D(Y)} = 25 + 36 + 24 = 85,$$
$$D(X-Y) = D(X) + D(Y) - 2\rho_{XY}\sqrt{D(X)D(Y)} = 25 + 36 - 24 = 37.$$

36. 设 X, Y, Z 为三个随机变量，且 $E(X) = E(Y) = 1, E(Z) = -1, D(X) = D(Y) = D(Z) = 1$, $\rho_{XY} = 0, \rho_{XZ} = \frac{1}{2}, \rho_{YZ} = -\frac{1}{2}$, 若 $W = X + Y + Z$, 求 $E(W), D(W)$.

解
$$E(W) = E(X+Y+Z) = E(X) + E(Y) + E(Z) = 1,$$
$$D(W) = D(X+Y+Z) = D(X) + D(Y) + D(Z) + 2\mathrm{Cov}(X,Y) + 2\mathrm{Cov}(X,Z) + 2\mathrm{Cov}(Y,Z)$$
$$= 3 + 2 \times \frac{1}{2} \times 1 - 2 \times \frac{1}{2} \times 1 = 3.$$

37. 设 X, Y, Z 是三个两两不相关的随机变量，数学期望都是 0，方差都是 1，求 $X-Y$ 和 $Y-Z$ 的相关系数.

解
$$\mathrm{Cov}(X-Y, Y-Z) = \mathrm{Cov}(X,Y) - \mathrm{Cov}(X,Z) - \mathrm{Cov}(Y,Y) + \mathrm{Cov}(Y,Z)$$
$$= -D(Y) = -1,$$
$$D(X-Y) = D(Y-Z) = 2,$$

所以 $X-Y$ 与 $Y-Z$ 的相关系数为

$$\rho = \frac{\mathrm{Cov}(X-Y, Y-Z)}{\sqrt{D(X-Y)D(Y-Z)}} = -\frac{1}{2}.$$

38. 某箱装有 100 件产品，其中一、二和三等品分别为 80, 10 和 10 件. 现在从中随机抽取一件，记

$$X_i = \begin{cases} 1, & \text{抽到 } i \text{ 等品}, \\ 0, & \text{其他}, \end{cases} \quad i = 1, 2, 3,$$

试求：

（1）随机变量 X_1 与 X_2 的联合分布；

（2）随机变量 X_1 与 X_2 的相关系数 ρ.

解 （1）
$$P(X_1 = 0, X_2 = 0) = P(X_3 = 1) = 0.1,$$
$$P(X_1 = 0, X_2 = 1) = P(X_2 = 1) = 0.1,$$
$$P(X_1 = 1, X_2 = 0) = P(X_1 = 1) = 0.8,$$
$$P(X_1 = 1, X_2 = 1) = 0,$$

(X_1, X_2) 的概率分布为

X_1	X_2	
	0	1
0	0.1	0.1
1	0.8	0

（2） $E(X_1) = 0.8, E(X_2) = 0.1, E(X_1 X_2) = 0,$

$$D(X_1) = 0.16, D(X_2) = 0.09,$$

所以 X_1, X_2 的相关系数为

$$\rho = \frac{-0.8 \times 0.1}{\sqrt{0.16}\sqrt{0.09}} = -\frac{0.08}{0.12} = -\frac{2}{3}.$$

39. 设二维随机变量 (X,Y) 在矩形区域 $G = \{(x,y) | 0 \leq x \leq 2, 0 \leq y \leq 1\}$ 上服从均匀分布. 记

$$U = \begin{cases} 0, & X \leq Y, \\ 1, & X > Y, \end{cases}$$

$$V = \begin{cases} 0, & X \leq 2Y, \\ 1, & X > 2Y, \end{cases}$$

求:(1) U 和 V 的联合分布;(2) U 和 V 的相关系数 ρ.

解 区域 G 的图形如图 5.3 所示.

(1) $P(U=0, V=0) = P(X \leq Y, X \leq 2Y) = P(X \leq Y) = \frac{1}{4}$,

$P(U=0, V=1) = P(X \leq Y, X > 2Y) = 0$,

$P(U=1, V=0) = P(X > Y, X \leq 2Y) = P(Y < X \leq 2Y) = \frac{1}{4}$,

$P(U=1, V=1) = P(X > Y, X > 2Y) = P(X > 2Y) = \frac{1}{2}$,

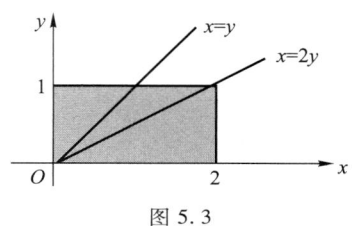

图 5.3

即 (U,V) 的联合分布为

U	V		$p_{i\cdot}$
	0	1	
0	$\frac{1}{4}$	0	$\frac{1}{4}$
1	$\frac{1}{4}$	$\frac{1}{2}$	$\frac{3}{4}$
$p_{\cdot j}$	$\frac{1}{2}$	$\frac{1}{2}$	

(2)
$$E(U) = \frac{3}{4}, D(U) = \frac{3}{16},$$
$$E(V) = \frac{1}{2}, D(V) = \frac{1}{4},$$
$$E(UV) = \frac{1}{2},$$

所以 U, V 的相关系数为

$$\rho = \frac{E(UV) - E(U)E(V)}{\sqrt{D(U)}\sqrt{D(V)}} = \frac{\frac{1}{8}}{\frac{\sqrt{3}}{8}} = \frac{1}{\sqrt{3}}.$$

40. 设 X 与 Y 为具有二阶矩的随机变量,且记 $Q(a,b) = E[Y-(a+bX)]^2$,求 a,b 使得 $Q(a,b)$ 达到最小值 $Q_{\min}$,并证明:

$$Q_{\min}=D(Y)(1-\rho_{XY}^2).$$

解
$$Q(a,b)=E[Y-(a+bX)]^2=D[Y-a-bX]+[E(Y-a-bX)]^2$$
$$=D(Y)+b^2D(X)-2b\mathrm{Cov}(X,Y)+[E(Y)-bE(X)-a]^2,$$

令
$$\frac{\partial Q}{\partial a}=-2[E(Y)-bE(X)-a]\triangleq 0,$$

则
$$\frac{\partial Q}{\partial b}=2bD(X)-2\mathrm{Cov}(X,Y)-2E(X)[E(Y)-bE(X)-a]=0.$$

解方程组
$$\begin{cases}E(Y)-bE(X)-a=0,\\ 2bD(X)-2\mathrm{Cov}(X,Y)-2E(X)[E(Y)-bE(X)-a]=0,\end{cases}$$

得
$$b=\frac{\mathrm{Cov}(X,Y)}{D(X)},a=E(Y)-bE(X).$$

此时
$$Q_{\min}=E[Y-(a+bX)]^2=D(Y)+\frac{[\mathrm{Cov}(X,Y)]^2}{[D(X)]^2}D(X)-2\frac{[\mathrm{Cov}(X,Y)]^2}{D(X)}$$
$$=D(Y)-\frac{[\mathrm{Cov}(X,Y)]^2}{D(X)}=D(Y)(1-\rho_{XY}^2).$$

41. 设随机变量 X 和 Y 在圆域 $x^2+y^2\leqslant r^2$ 上服从二维均匀分布.
（1）求 X 与 Y 的相关系数 ρ；
（2）问 X 与 Y 是否相互独立？为什么？

解 二维随机变量 (X,Y) 的概率密度为
$$f(x,y)=\begin{cases}\dfrac{1}{\pi r^2}, & x^2+y^2\leqslant r^2,\\ 0, & \text{其他}.\end{cases}$$

（1）
$$E(X)=\iint_{x^2+y^2\leqslant r^2}x\cdot\frac{1}{\pi r^2}\mathrm{d}x\mathrm{d}y=\int_0^{2\pi}\int_0^r\rho\cos\theta\cdot\frac{1}{\pi r^2}\rho\mathrm{d}\rho\mathrm{d}\theta$$
$$=\sin\theta\big|_0^{2\pi}\cdot\frac{1}{\pi r^2}\int_0^r\rho^2\mathrm{d}\rho=0,$$

$$E(XY)=\iint_{x^2+y^2\leqslant r^2}xy\cdot\frac{1}{\pi r^2}\mathrm{d}x\mathrm{d}y=\frac{1}{2\pi r^2}\int_0^{2\pi}\sin2\theta\mathrm{d}\theta\int_0^r\rho^3\mathrm{d}\rho$$
$$=\frac{1}{4\pi r^2}\left[-\cos2\theta\big|_0^{2\pi}\right]\int_0^r\rho^3\mathrm{d}\rho=0,$$

故 X,Y 的相关系数 $\rho=0$.

（2）关于 X 的边缘概率密度为
$$f_X(x)=\int_{-\infty}^{+\infty}f(x,y)\mathrm{d}y=\begin{cases}\displaystyle\int_{-\sqrt{r^2-x^2}}^{\sqrt{r^2-x^2}}\frac{1}{\pi r^2}\mathrm{d}y, & |x|\leqslant r,\\ 0, & |x|>r\end{cases}$$

$$= \begin{cases} \dfrac{2\sqrt{r^2-x^2}}{\pi r^2}, & |x| \leq r, \\ 0 & |x| > r, \end{cases}$$

关于 Y 的边缘概率密度为

$$f_Y(y) = \begin{cases} \dfrac{2\sqrt{r^2-y^2}}{\pi r^2}, & |y| \leq r, \\ 0, & |y| > r, \end{cases}$$

因为 $f(x,y) \neq f_X(x) f_Y(y)$，所以 X 与 Y 不相互独立.

42. 设 A, B 是两个随机事件. 随机变量

$$X = \begin{cases} 1, & A \text{ 出现}, \\ -1, & A \text{ 不出现}, \end{cases} \qquad Y = \begin{cases} 1, & B \text{ 出现}, \\ -1, & B \text{ 不出现}, \end{cases}$$

试证明：随机变量 X 与 Y 不相关的充要条件是 A 与 B 相互独立.

证 若 A 与 B 相互独立，则 X 与 Y 相互独立，当然 X 与 Y 不相关，充分性得证.

现证必要性. 设 X 与 Y 不相关，即 $E(XY) = E(X)E(Y)$. 由于

$$E(X) = P(A) - P(\overline{A}) = 2P(A) - 1, \quad E(Y) = 2P(B) - 1,$$

并且

$$\begin{aligned} E(XY) &= \sum_i \sum_j x_i y_j P(X = x_i, Y = y_j) \\ &= P(X=1, Y=1) + P(X=-1, Y=-1) - P(X=1, Y=-1) - \\ &\quad P(X=-1, Y=1) = P(AB) + P(\overline{A}\,\overline{B}) - P(A\overline{B}) - P(\overline{A}B) \\ &= P(AB) + 1 - P(A) - P(B) + P(AB) - P(A) + P(AB) - P(B) + P(AB) \\ &= 4P(AB) - 2P(A) - 2P(B) + 1, \end{aligned}$$

所以

$$\begin{aligned} 4P(AB) - 2P(A) - 2P(B) + 1 &= [2P(A) - 1][2P(B) - 1] \\ &= 4P(A)P(B) - 2P(A) - 2P(B) + 1, \end{aligned}$$

从而有

$$P(AB) = P(A)P(B),$$

故 A 与 B 相互独立.

43. 设随机变量 X 的概率密度为 $f(x) = \dfrac{1}{2} e^{-|x|}, -\infty < x < +\infty$，试证：$X$ 与 $|X|$ 不相关，也不相互独立.

证
$$E(X) = \int_{-\infty}^{+\infty} x \cdot \frac{1}{2} e^{-|x|} dx = 0 \,(\text{因为 } x e^{-|x|} \text{ 是奇函数}),$$

$$E(X|X|) = \int_{-\infty}^{+\infty} x|x| \cdot \frac{1}{2} e^{-|x|} dx = 0,$$

所以 $\mathrm{Cov}(X, |X|) = 0$，即 X 与 $|X|$ 不相关.

现证 X 与 $|X|$ 不相互独立,用反证法. 假定 X 与 $|X|$ 相互独立,则对任意的正数 a 有
$$P(X\leqslant a,|X|\leqslant a)=P(X\leqslant a)P(|X|\leqslant a),$$
但
$$P(X\leqslant 1)=\int_{-\infty}^{1}\frac{1}{2}\mathrm{e}^{-|x|}\mathrm{d}x=\int_{0}^{1}\frac{1}{2}\mathrm{e}^{-x}\mathrm{d}x+\frac{1}{2}=\frac{1}{2}-\frac{1}{2}\mathrm{e}^{-x}\Big|_{0}^{1}$$
$$=\frac{1}{2}+\frac{1}{2}-\frac{1}{2}\mathrm{e}^{-1}<1,$$
而 $\{X\leqslant 1\}\supset\{|X|\leqslant 1\}$,所以
$$P(X\leqslant 1,|X|\leqslant 1)=P(|X|\leqslant 1)\neq P(X\leqslant 1)P(|X|\leqslant 1),$$
出现矛盾,故 X 与 $|X|$ 不相互独立.

44. 设 (X,Y) 为二维正态随机变量,且 $E(X)=1,E(Y)=0,D(X)=4,D(Y)=9,\mathrm{Cov}(X,Y)=3$,求 (X,Y) 的概率密度.

解 (X,Y) 的相关系数为 $\rho=\frac{3}{6}=\frac{1}{2}$,所以 (X,Y) 的概率密度为
$$f(x,y)=\frac{1}{6\pi\sqrt{3}}\exp\left\{-\frac{4}{6}\left[\frac{(x-1)^2}{4}-\frac{(x-1)\cdot y}{6}+\frac{y^2}{9}\right]\right\}$$
$$=\frac{1}{6\sqrt{3}\,\pi}\exp\left\{-\frac{1}{54}(9x^2-18x-6xy+6y+4y^2+9)\right\}.$$

45. 设二维随机变量 (X,Y) 的概率密度为
$$f(x,y)=\frac{1}{2}[\varphi_1(x,y)+\varphi_2(x,y)],$$
其中 $\varphi_1(x,y)$ 和 $\varphi_2(x,y)$ 都是二维正态概率密度,且它们对应的二维随机变量的相关系数分别为 $\frac{1}{3}$ 和 $-\frac{1}{3}$,它们的边缘概率密度所对应的随机变量的数学期望都是 0,方差都是 1.

(1) 求随机变量 X 和 Y 的概率密度 $f_1(x)$ 和 $f_2(y)$,以及 X 和 Y 的相关系数 ρ(提示:可以直接利用二维正态概率密度的性质);

(2) 问 X 与 Y 是否相互独立?为什么?

解 (1) $f_1(x)=\int_{-\infty}^{+\infty}f(x,y)\mathrm{d}y=\frac{1}{2}\left[\int_{-\infty}^{+\infty}\varphi_1(x,y)\mathrm{d}y+\int_{-\infty}^{+\infty}\varphi_2(x,y)\mathrm{d}y\right]$
$$=\frac{1}{2}\left[\frac{1}{\sqrt{2\pi}}\mathrm{e}^{-\frac{x^2}{2}}+\frac{1}{\sqrt{2\pi}}\mathrm{e}^{-\frac{x^2}{2}}\right]=\frac{1}{\sqrt{2\pi}}\mathrm{e}^{-\frac{x^2}{2}},-\infty<x<+\infty,$$
同理
$$f_2(y)=\frac{1}{\sqrt{2\pi}}\mathrm{e}^{-\frac{y^2}{2}},-\infty<y<+\infty.$$
因为 $E(X)=E(Y)=0,D(X)=D(Y)=1$,所以 X 和 Y 的相关系数为
$$\rho=E(XY)=\int_{-\infty}^{+\infty}\int_{-\infty}^{+\infty}xy\cdot\frac{1}{2}[\varphi_1(x,y)+\varphi_2(x,y)]\mathrm{d}x\mathrm{d}y$$

$$= \frac{1}{2}\left[\int_{-\infty}^{+\infty}\int_{-\infty}^{+\infty}xy\varphi_1(x,y)\,dxdy + \int_{-\infty}^{+\infty}\int_{-\infty}^{+\infty}xy\varphi_2(x,y)\,dxdy\right]$$

$$= \frac{1}{2}\left(\frac{1}{3}-\frac{1}{3}\right) = 0;$$

（2）因为 (X,Y) 的概率密度为

$$f(x,y) = \frac{1}{2}[\varphi_1(x,y)+\varphi_2(x,y)]$$

$$= \frac{1}{2}\left\{\frac{3}{4\sqrt{2}\pi}\left[e^{-\frac{9}{16}(x^2-\frac{2}{3}xy+y^2)}+e^{-\frac{9}{16}(x^2+\frac{2}{3}xy+y^2)}\right]\right\}$$

$$= \frac{3}{8\sqrt{2}\pi}e^{-\frac{9}{16}(x^2+y^2)}(e^{\frac{2}{3}xy}+e^{-\frac{2}{3}xy}),$$

而边缘概率密度的乘积为

$$f_1(x)f_2(y) = \frac{1}{2\pi}e^{-\frac{x^2+y^2}{2}},$$

所以 X 与 Y 不相互独立.

46. 设 X 为随机变量，$E(|X|^r)(r>0)$ 存在，试证明：对任意 $\varepsilon > 0$ 有

$$P(|X|\geqslant\varepsilon) \leqslant \frac{E|X|^r}{\varepsilon^r}.$$

证 若 X 为离散型随机变量，其概率分布为 $P(X=x_i)=p_i, i=1,2,\cdots$，则

$$P(|X|\geqslant\varepsilon) = \sum_{|x_i|\geqslant\varepsilon}p_i \leqslant \sum_{|x_i|\geqslant\varepsilon}\frac{|x_i|^r}{\varepsilon^r}p_i \leqslant \sum_i\frac{|x_i|^r}{\varepsilon^r}p_i = \frac{E(|x|^r)}{\varepsilon^r}.$$

若 X 为连续型随机变量，其概率密度为 $f(x)$，则

$$P(|X|\geqslant\varepsilon) = \int_{|x|\geqslant\varepsilon}f(x)\,dx \leqslant \int_{|x|\geqslant\varepsilon}\frac{|x|^r}{\varepsilon^r}f(x)\,dx \leqslant \frac{1}{\varepsilon^r}\int_{-\infty}^{+\infty}|x|^rf(x)\,dx = \frac{E(|x|^r)}{\varepsilon^r}.$$

47. 若 X 的方差 $D(X)=0.004$，利用切比雪夫不等式估计概率 $P(|X-E(X)|<0.2)$.

解 由切比雪夫不等式，有

$$P(|X-E(X)|<0.2) \geqslant 1-\frac{D(X)}{0.2^2} = 1-\frac{0.004}{0.04} = 0.9.$$

48. 给定 $P(|X-E(X)|<\varepsilon)\geqslant 0.9$，$D(X)=0.009$，利用切比雪夫不等式估计 ε.

解 $P(|X-E(X)|<\varepsilon) \geqslant 1-\frac{D(X)}{\varepsilon^2} = 1-\frac{0.009}{\varepsilon^2} \geqslant 0.9$，可得 $\varepsilon \geqslant 0.3$.

49. 用切比雪夫不等式确定当掷一匀称硬币时，需掷多少次，才能保证正面出现的频率在 $0.4 \sim 0.6$ 的概率不小于 0.9.

解 设需掷 n 次，正面出现的次数为 Y_n，则 $Y_n \sim B\left(n,\frac{1}{2}\right)$，依题意应有

$$P\left(0.4<\frac{Y_n}{n}<0.6\right)\geqslant 0.9,$$

而

$$P\left(0.4<\frac{Y_n}{n}<0.6\right)=P\left(\left|\frac{Y_n}{n}-0.5\right|<0.1\right)=P(|Y_n-0.5n|<0.1n)$$
$$\geq 1-\frac{n\times 0.5\times 0.5}{0.01n^2}=1-\frac{25}{n}\geq 0.9,$$

所以 $n\geq 250$.

50. 若随机变量序列 $X_1,X_2,\cdots,X_n,\cdots$ 满足条件
$$\lim_{n\to\infty}\frac{1}{n^2}D\left(\sum_{i=1}^n X_i\right)=0,$$

试证明: $\{X_n\}$ 服从大数定律.

证 由切比雪夫不等式,对任意的 $\varepsilon>0$,有
$$P\left\{\left|\frac{1}{n}\sum_{i=1}^n X_i-\frac{1}{n}\sum_{i=1}^n E(X_i)\right|\geq\varepsilon\right\}\leq\frac{D\left(\frac{1}{n}\sum_{i=1}^n X_i\right)}{\varepsilon^2}=\frac{\frac{1}{n^2}D\left(\sum_{i=1}^n X_i\right)}{\varepsilon^2},$$

所以,对任意的 $\varepsilon>0$,有
$$\lim_{n\to\infty}P\left\{\left|\frac{1}{n}\sum_{i=1}^n X_i-\frac{1}{n}\sum_{i=1}^n E(X_i)\right|\geq\varepsilon\right\}\leq\frac{1}{\varepsilon^2}\lim_{n\to\infty}\frac{1}{n^2}D\left(\sum_{i=1}^n X_i\right)=0,$$

故 $\{X_n\}$ 服从大数定律.

51. 设有 30 个电子器件 $D_1,D_2,\cdots,D_{30}$,它们的使用情况如下: D_1 损坏, D_2 立即使用; D_2 损坏, D_3 立即使用,等等. 设器件 D_i 的寿命(单位:h)是服从参数为 $\lambda=0.1$ 的指数分布的随机变量,令 T 为 30 个器件使用的总时间,问 T 超过 350 h 的概率是多少?

解 设 T_i 为器件 D_i 的寿命,则 $T=\sum_{i=1}^{30}T_i$,所求概率为
$$P(T\geq 350)=P\left(\sum_{i=1}^{30}T_i\geq 350\right)=P\left(\frac{\sum_{i=1}^{30}T_i-300}{\sqrt{3\,000}}\geq\frac{350-300}{\sqrt{3\,000}}\right)$$
$$\approx 1-\Phi\left(\frac{50}{\sqrt{3\,000}}\right)=1-\Phi(0.91)=1-0.818\,6=0.181\,4.$$

52. 某计算机系统有 100 个终端,每个终端有 20% 的时间在使用. 若各个终端使用与否相互独立,试求有 10 个或更多个终端在使用的概率.

解 设 $X_i=\begin{cases}1,&\text{第 }i\text{ 个终端在使用,}\\ 0,&\text{第 }i\text{ 个终端不在用,}\end{cases}$ $i=1,2,\cdots,100$,则同时使用的终端数 X 服从分布
$$X=\sum_{i=1}^{100}X_i\sim B(100,0.2),$$

所求概率为
$$P(X\geq 10)\approx 1-\Phi\left(\frac{10-20}{\sqrt{16}}\right)=1-\Phi(-2.5)=\Phi(2.5)=0.993\,8.$$

53. 某保险公司多年的资料表明,在索赔户中,被盗索赔户占 20%. 以 X 表示在随机抽查 100 个索赔户中因被盗而向保险公司索赔的户数,求 $P(14\leq X\leq 30)$.

解　　$P(14 \leqslant X \leqslant 30) \approx \Phi\left(\dfrac{30-20}{\sqrt{16}}\right) - \Phi\left(\dfrac{14-20}{\sqrt{16}}\right)$

$= \Phi(2.5) - \Phi(-1.5)$

$= 0.9938 + \Phi(1.5) - 1 = 0.9938 + 0.9332 - 1$

$= 0.927.$

典型例题讲解

第 6 章　数理统计的基本概念

习　题　6

1. 某厂生产玻璃板,以每块玻璃上的泡疵点个数为数量指标,已知它服从均值为 λ 的泊松分布. 从产品中抽一个容量为 n 的样本 $X_1, X_2, \cdots, X_n$,求样本的分布.

解　样本 $(X_1, X_2, \cdots, X_n)$ 的分量相互独立且均服从与总体相同的分布,故样本的分布为

$$P(X_1 = k_1, X_2 = k_2, \cdots, X_n = k_n) = \prod_{i=1}^n P(X_i = k_i) = \prod_{i=1}^n \frac{\lambda^{k_i}}{k_i!} e^{-\lambda}$$

$$= \frac{e^{-n\lambda}}{k_1! \; k_2! \; \cdots k_n!} \lambda^{\sum_{i=1}^n k_i}, k_i = 0, 1, \cdots, i = 1, 2, \cdots, n.$$

2. 在加工某种零件时,每一件需要的时间服从均值为 $\frac{1}{\lambda}$ 的指数分布. 今以加工时间为零件的数量指标,任取 n 件零件构成一个容量为 n 的样本,求样本分布.

解　零件的加工时间为总体 X,则 $X \sim E(\lambda)$,其概率密度为

$$f(x) = \begin{cases} \lambda e^{-\lambda x}, & x > 0, \\ 0, & x \leq 0, \end{cases}$$

于是样本 $(X_1, X_2, \cdots, X_n)$ 的概率密度为

$$f(x_1, x_2, \cdots, x_n) = \prod_{i=1}^n (\lambda e^{-\lambda x_i}) = \begin{cases} \lambda^n e^{-\lambda \sum_{i=1}^n x_i}, & x_i > 0, \\ 0, & \text{其他}, \end{cases} \quad i = 1, 2, \cdots, n.$$

3. 一批产品中有成品 L 个,次品 M 个,总计 $N = L + M$ 个. 今从中取容量为 2 的样本(非简单样本),求样本分布,并验证:当 $N \to \infty, \frac{M}{N} \to p$ 时,样本分布为主教材中式(6.1)中 $n = 2$ 的情况.

解　总体 X 服从 0-1 分布,即 $P(X=0) = \frac{L}{N}, P(X=1) = \frac{M}{N}$,于是样本 (X_1, X_2) 的分布列如下:

$$P(X_1 = 0, X_2 = 0) = \frac{L}{N} \cdot \frac{L-1}{N-1}, P(X_1 = 0, X_2 = 1) = \frac{L}{N} \cdot \frac{M}{N-1},$$

$$P(X_1 = 1, X_2 = 0) = \frac{M}{N} \cdot \frac{L}{N-1}, P(X_1 = 1, X_2 = 1) = \frac{M}{N} \cdot \frac{M-1}{N-1}.$$

若当 $N \to \infty$ 时 $\frac{M}{N} \to p$,则 $\frac{L}{N} \to 1-p$,所以

$$P(X_1 = 0, X_2 = 0) \to (1-p)^2 = p^{0+0}(1-p)^{2-0},$$
$$P(X_1 = 0, X_2 = 1) \to p(1-p) = p^{0+1}(1-p)^{2-1},$$
$$P(X_1 = 1, X_2 = 0) \to p(1-p) = p^{1+0}(1-p)^{2-1},$$

$$P(X_1=1, X_2=1) \to p^2 = p^{1+1}(1-p)^{2-2},$$

以上恰好是主教材中式(6.1)中 $n=2$ 的情况.

4. 设总体 X 的容量为 100 的样本观测值如下：

15	20	15	20	25	25	30	15	30	25
15	30	25	35	30	35	20	35	30	25
20	30	20	25	35	30	25	20	30	25
35	25	15	25	35	25	25	30	35	25
35	20	30	30	15	30	40	30	40	15
25	40	20	25	20	15	20	25	25	40
25	25	40	35	25	30	20	35	20	15
35	25	25	30	25	30	25	30	43	25
43	22	20	23	20	25	15	25	20	25
30	43	35	45	30	45	30	45	45	35

作总体 X 的直方图.

解 样本值的最小值为 15，最大值为 45，取 $a=14.5, b=45.5$，为保证每个小区间内都包含若干个观测值，将区间 $[14.5, 45.5]$ 分成 8 个相等的区间. 用唱票法数出落在每个区间上的样本观测值的个数 n_i，列表如下：

分组区间	频数 n_i	频率 $\dfrac{n_i}{n}$
14.5 ~ 18.5	10	0.10
>18.5 ~ 22.5	16	0.16
>22.5 ~ 26.5	29	0.29
>26.5 ~ 30.5	20	0.20
>30.5 ~ 34.5	0	0.00
>34.5 ~ 38.5	13	0.13
>38.5 ~ 42.5	5	0.05
>42.5 ~ 46.5	7	0.07
总和	$n=100$	1.00

以组距 4 为底，以 $\varphi_n(x) = \dfrac{n_i}{4n}$ 为高作矩形，即得 X 的直方图如图 6.1 所示.

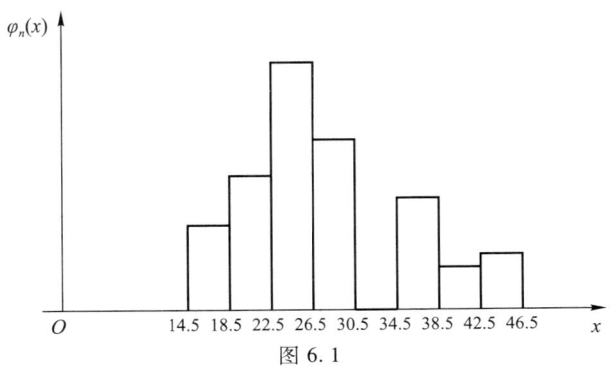

图 6.1

5. 某射手独立重复地进行 20 次打靶试验,击中靶子的环数如下:

环数	10	9	8	7	6	5	4
频数	2	3	0	9	4	0	2

用 X 表示此射手对靶射击一次所命中的环数,求 X 的经验分布函数,并作出其图像.

解 设 X 的经验分布函数为 $F_n(x)$,则

$$F_n(x) = \begin{cases} 0, & x < 4, \\ \dfrac{2}{20}, & 4 \leqslant x < 5, \\ \dfrac{2}{20}, & 5 \leqslant x < 6, \\ \dfrac{6}{20}, & 6 \leqslant x < 7, \\ \dfrac{15}{20}, & 7 \leqslant x < 8, \\ \dfrac{15}{20}, & 8 \leqslant x < 9, \\ \dfrac{18}{20}, & 9 \leqslant x < 10, \\ 1, & x \geqslant 10, \end{cases}$$

$F_n(x)$ 的图像如图 6.2 所示.

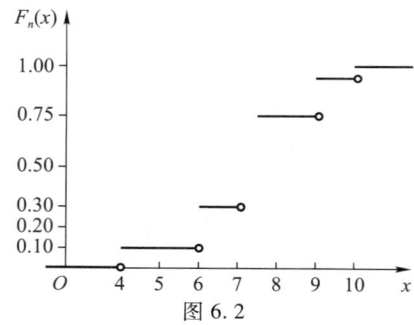

图 6.2

6. 设 $X_1, X_2, \cdots, X_n$ 是来自总体 X 的简单随机样本,已知 $E(X^k) = \alpha_k (k = 1, 2, 3, 4)$,证明:当 n 充分大时,随机变量 $Z_n = \dfrac{1}{n} \sum\limits_{i=1}^{n} X_i^2$ 近似服从正态分布,并指出其分布参数.

证 因为 $X_1, X_2, \cdots, X_n$ 相互独立且同分布,所以 $X_1^2, X_2^2, \cdots, X_n^2$ 相互独立且同分布,$E(X_i^2) = \alpha_2$,$D(X_i^2) = E(X_i^4) - [E(X_i^2)]^2 = \alpha_4 - \alpha_2^2$,由独立同分布的中心极限定理(列维—林德贝格定理),当 n 充分大时,

$$\frac{\sum\limits_{i=1}^{n} X_i^2 - n\alpha_2}{\sqrt{\alpha_4 - \alpha_2^2}\sqrt{n}} = \frac{n\left(\dfrac{1}{n}\sum\limits_{i=1}^{n} X_i^2 - \alpha_2\right)}{\sqrt{\alpha_4 - \alpha_2^2}\sqrt{n}} = \frac{\dfrac{1}{n}\sum\limits_{i=1}^{n} X_i^2 - \alpha_2}{\sqrt{\dfrac{\alpha_4 - \alpha_2^2}{n}}}$$

近似服从标准正态分布,所以当 n 充分大时,近似地有
$$Z_n = \frac{1}{n}\sum_{i=1}^{n} X_i^2 \sim N\left(\alpha_2, \frac{\alpha_4 - \alpha_2^2}{n}\right).$$

7. 设 $X_1, X_2, \cdots, X_n$ 是来自总体 X 的一个样本,X 服从参数为 λ 的指数分布,证明:$2\lambda \sum_{i=1}^{n} X_i \sim \chi^2(2n)$.

证 $X_1, X_2, \cdots, X_n$ 相互独立同分布,$X_i \sim E(\lambda)$,先证 $2\lambda X_i \sim \chi^2(2)$,$i = 1, 2, \cdots, n$. 设 $Y = 2\lambda X_i$ 的分布函数为 $F_Y(y)$,则
$$F_Y(y) = P(Y \leq y) = P(2\lambda X_i \leq y) = P\left(X_i \leq \frac{y}{2\lambda}\right) = \begin{cases} 1 - e^{-\frac{\lambda y}{2\lambda}}, & y > 0, \\ 0, & y \leq 0, \end{cases}$$

所以 Y 的概率密度为
$$f_Y(y) = \begin{cases} \dfrac{\lambda}{2\lambda} e^{-\frac{\lambda y}{2\lambda}}, & y > 0, \\ 0, & y \leq 0 \end{cases} = \begin{cases} \dfrac{1}{2} e^{-\frac{y}{2}}, & y > 0, \\ 0, & y \leq 0. \end{cases}$$

注意到 $\Gamma(1) = 1$,则 Y 的概率密度为
$$f_Y(y) = \begin{cases} \dfrac{1}{2^{\frac{2}{2}} \Gamma\left(\frac{2}{2}\right)} y^{\frac{2}{2}-1} e^{-\frac{y}{2}}, & y > 0, \\ 0, & y \leq 0, \end{cases}$$

可见 $2\lambda X_i \sim \chi^2(2)$. 由 χ^2 分布的可加性立即得到
$$2\lambda \sum_{i=1}^{n} X_i \sim \chi^2(2n).$$

8. 由附表查下列各值:$\chi^2_{0.05}(20), \chi^2_{0.95}(20), t_{0.01}(10), F_{0.05}(12,15), F_{0.95}(15,12), u_{0.1}$.

解 $\chi^2_{0.05}(20) = 31.410, \chi^2_{0.95}(20) = 10.851, t_{0.01}(10) = 2.7638,$
$F_{0.05}(12,15) = 2.48, F_{0.95}(15,12) = \dfrac{1}{F_{0.05}(12,15)} = \dfrac{1}{2.48} = 0.4032, u_{0.1} = 1.29.$

9. 设 X_1, X_2, X_3, X_4 是来自正态总体 $N(0, 2^2)$ 的简单随机样本,$X = a(X_1 - 2X_2)^2 + b(3X_3 - 4X_4)^2$,求常数 a, b,使得 $X \sim \chi^2(2)$.

解 $X_1 - 2X_2 \sim N(0, 20), \dfrac{X_1 - 2X_2}{2\sqrt{5}} \sim N(0,1), \dfrac{1}{20}(X_1 - 2X_2)^2 \sim \chi^2(1),$

$3X_3 - 4X_4 \sim N(0, 10^2), \dfrac{3X_3 - 4X_4}{10} \sim N(0,1), \dfrac{1}{100}(3X_3 - 4X_4)^2 \sim \chi^2(1),$

$X_1 - 2X_2$ 与 $3X_3 - 4X_4$ 两者相互独立,所以当 $a = \dfrac{1}{20}, b = \dfrac{1}{100}$ 时,
$$X = a(X_1 - 2X_2)^2 + b(3X_3 - 4X_4)^2 \sim \chi^2(2).$$

10. 设 $X_1, X_2, \cdots, X_n, X_{n+1}, X_{n+2}, \cdots, X_{n+m}$ 是总体 $N(0, \sigma^2)$ 的容量为 $n+m$ 的样本,试求下列统计量的概率分布:

(1) $Y_1 = \dfrac{\sqrt{m}\sum\limits_{i=1}^{n}X_i}{\sqrt{n}\sqrt{\sum\limits_{i=n+1}^{n+m}X_i^2}}$; (2) $Y_2 = \dfrac{m\sum\limits_{i=1}^{n}X_i^2}{n\sum\limits_{i=n+1}^{n+m}X_i^2}$.

解 （1） $\sum\limits_{i=1}^{n}X_i \sim N(0, n\sigma^2)$, $\dfrac{1}{\sqrt{n}\,\sigma}\sum\limits_{i=1}^{n}X_i \sim N(0,1)$,

$$X_i \sim N(0, \sigma^2), \dfrac{X_i^2}{\sigma^2} \sim \chi^2(1), \dfrac{1}{\sigma^2}\sum\limits_{i=n+1}^{n+m}X_i^2 \sim \chi^2(m),$$

$\dfrac{1}{\sqrt{n}\,\sigma}\sum\limits_{i=1}^{n}X_i$ 与 $\dfrac{1}{\sigma^2}\sum\limits_{i=n+1}^{n+m}X_i^2$ 两者相互独立，所以

$$Y_1 = \dfrac{\sqrt{m}\sum\limits_{i=1}^{n}X_i}{\sqrt{n}\sqrt{\sum\limits_{i=n+1}^{n+m}X_i^2}} = \dfrac{\dfrac{1}{\sqrt{n}\,\sigma}\sum\limits_{i=1}^{n}X_i}{\sqrt{\dfrac{1}{\sigma^2}\sum\limits_{i=n+1}^{n+m}\dfrac{X_i^2}{m}}} \sim t(m);$$

（2） $\dfrac{1}{\sigma^2}\sum\limits_{i=1}^{n}X_i^2 \sim \chi^2(n)$, $\dfrac{1}{\sigma^2}\sum\limits_{i=n+1}^{n+m}X_i^2 \sim \chi^2(m)$, 两者相互独立，所以

$$Y_2 = \dfrac{m\sum\limits_{i=1}^{n}X_i^2}{n\sum\limits_{i=n+1}^{n+m}X_i^2} = \dfrac{\dfrac{1}{\sigma^2}\sum\limits_{i=1}^{n}\dfrac{X_i^2}{n}}{\dfrac{1}{\sigma^2}\sum\limits_{i=n+1}^{n+m}\dfrac{X_i^2}{m}} \sim F(n, m).$$

11. 设 $X_1, X_2, \cdots, X_n, X_{n+1}$ 是来自总体 $N(\mu, \sigma^2)$ 的样本, $\overline{X} = \dfrac{1}{n}\sum\limits_{i=1}^{n}X_i$, $S^{*2} = \dfrac{1}{n}\sum\limits_{i=1}^{n}(X_i - \overline{X})^2$, 试求统计量 $T = \dfrac{X_{n+1} - \overline{X}}{S^*}\sqrt{\dfrac{n-1}{n+1}}$ 的分布.

解 $X_{n+1} - \overline{X} \sim N\left(0, \dfrac{n+1}{n}\sigma^2\right)$, $\dfrac{nS^{*2}}{\sigma^2} \sim \chi^2(n-1)$, 两者相互独立, 于是

$$\dfrac{X_{n+1} - \overline{X}}{\sqrt{\dfrac{n+1}{n}}\,\sigma} \sim N(0,1),$$

$$T = \dfrac{X_{n+1} - \overline{X}}{S^*}\sqrt{\dfrac{n-1}{n+1}} = \dfrac{\dfrac{X_{n+1} - \overline{X}}{\sqrt{n+1/n}\,\sigma}}{\sqrt{\dfrac{nS^{*2}}{\sigma^2}/(n-1)}} \sim t(n-1).$$

12. 设样本 $X_1, X_2, \cdots, X_{n_1}$ 和 $Y_1, Y_2, \cdots, Y_{n_2}$ 分别来自相互独立的总体 $N(\mu_1, \sigma_1^2)$ 和 $N(\mu_2, \sigma_2^2)$, 已知 $\sigma_1 = \sigma_2$, α 和 β 是两个实数, 求随机变量

$$\dfrac{\alpha(\overline{X} - \mu_1) + \beta(\overline{Y} - \mu_2)}{\sqrt{\dfrac{(n_1-1)S_1^2 + (n_2-1)S_2^2}{n_1+n_2-2}\left(\dfrac{\alpha^2}{n_1} + \dfrac{\beta^2}{n_2}\right)}}$$

的分布.

解 $\alpha(\overline{X}-\mu_1) \sim N\left(0, \frac{\alpha^2\sigma_1^2}{n_1}\right)$, $\beta(\overline{Y}-\mu_2) \sim N\left(0, \frac{\beta^2\sigma_2^2}{n_2}\right)$, 又 $\sigma_1 = \sigma_2 = \sigma$, 所以

$$\alpha(\overline{X}-\mu_1) + \beta(\overline{Y}-\mu_2) \sim N\left(0, \left(\frac{\alpha^2}{n_1}+\frac{\beta^2}{n_2}\right)\sigma^2\right),$$

$$\frac{\alpha(\overline{X}-\mu_1) + \beta(\overline{Y}-\mu_2)}{\sqrt{\frac{\alpha^2}{n_1}+\frac{\beta^2}{n_2}}\,\sigma} \sim N(0,1).$$

而

$$\frac{(n_1-1)S_1^2 + (n_2-1)S_2^2}{\sigma^2} \sim \chi^2(n_1+n_2-2),$$

$\dfrac{\alpha(\overline{X}-\mu_1) + \beta(\overline{Y}-\mu_2)}{\sqrt{\frac{\alpha^2}{n_1}+\frac{\beta^2}{n_2}}\,\sigma}$ 与 $\dfrac{(n_1-1)S_1^2 + (n_2-1)S_2^2}{\sigma^2}$ 两者相互独立, 所以

$$\frac{\alpha(\overline{X}-\mu_1) + \beta(\overline{Y}-\mu_2)}{\sqrt{\frac{(n_1-1)S_1^2+(n_2-1)S_2^2}{n_1+n_2-2}}\sqrt{\frac{\alpha^2}{n_1}+\frac{\beta^2}{n_2}}}$$

$$= \frac{\left[\alpha(\overline{X}-\mu_1) + B(\overline{Y}-\mu_2)\right] \Big/ \left(\sqrt{\frac{\alpha^2}{n_1}+\frac{\beta^2}{n_2}}\,\sigma\right)}{\sqrt{\frac{(n_1-1)S_1^2+(n_2-1)S_2^2}{\sigma^2} \Big/ (n_1+n_2-2)}} \sim t(n_1+n_2-2).$$

13. 从正态总体 $N(3.4, 6^2)$ 中抽取容量为 n 的样本, 如果要求样本均值位于区间 $(1.4, 5.4)$ 内的概率不小于 0.95, 问样本容量 n 至少应多大?

解 $0.95 \leq P\left(1.4 < \frac{1}{n}\sum_{i=1}^{n}X_i < 5.4\right) = \Phi\left(\frac{5.4-3.4}{6}\sqrt{n}\right) - \Phi\left(\frac{1.4-3.4}{6}\sqrt{n}\right)$

$$= 2\Phi\left(\frac{\sqrt{n}}{3}\right) - 1,$$

即 $\Phi\left(\frac{\sqrt{n}}{3}\right) \geq 0.975$, 查标准正态分布函数值表得 $\frac{\sqrt{n}}{3} \geq 1.96$, 即 $n \geq 34.57$. 故样本容量至少应为 35.

14. 设总体 $X \sim N(80, 20^2)$, 从总体 X 中抽取一个容量为 100 的样本, 问样本均值与总体均值之差的绝对值大于 3 的概率是多少?

解 设样本均值为 $\overline{X}$, 则 $\overline{X} \sim N\left(80, \frac{20^2}{100}\right)$, $\overline{X}-80 \sim N\left(0, \frac{20^2}{100}\right)$, 于是

$$P(|\overline{X}-80| > 3) = 1 - P(|\overline{X}-80| \leq 3) = 1 - \Phi\left(\frac{3}{2}\right) + \Phi\left(-\frac{3}{2}\right)$$

$$= 2 - 2\Phi(1.5) = 2 - 2 \times 0.9332 = 0.1336.$$

15. 求总体 $N(20,3)$ 的容量分别为 10, 15 的两个独立样本均值差的绝对值大于 0.3 的概率.

解 设 $\overline{X}_1$ 和 $\overline{X}_2$ 为两个独立样本的样本均值, 则 $\overline{X}_1 \sim N\left(20, \frac{3}{10}\right)$, $\overline{X}_2 \sim N\left(20, \frac{3}{15}\right)$. 于是 $\overline{X}_1 -$

$\overline{X}_2 \sim N\left(0, \frac{15}{30}\right)$,即 $\overline{X}_1 - \overline{X}_2 \sim N\left(0, \frac{1}{2}\right)$,则

$$P(|\overline{X}_1 - \overline{X}_2| > 0.3) = 1 - P(|\overline{X}_1 - \overline{X}_2| \leq 0.3)$$
$$= 1 - \Phi\left(\frac{0.3}{\frac{1}{\sqrt{2}}}\right) + \Phi\left(\frac{-0.3}{\frac{1}{\sqrt{2}}}\right)$$
$$= 2 - 2\Phi(0.42) = 2 - 2 \times 0.6628 = 0.6744.$$

16. 设在总体 $N(\mu, \sigma^2)$ 中抽取一个容量为 16 的样本,这里 μ, σ^2 均为未知,求:

(1) $P\left(\frac{S^2}{\sigma^2} \leq 2.0385\right)$;(2) $D(S^2)$.

解 (1) $\quad P\left(\frac{S^2}{\sigma^2} \leq 2.0385\right) = P\left(\frac{15S^2}{\sigma^2} \leq 30.5775\right)$,

因为 $\frac{15S^2}{\sigma^2} \sim \chi^2(15)$,查 χ^2 分布表知

$$P\left(\frac{S^2}{\sigma^2} \leq 2.0385\right) = 1 - P\left(\frac{15S^2}{\sigma^2} > 30.5775\right) = 0.99.$$

(2) $\quad D\left(\frac{15S^2}{\sigma^2}\right) = 2 \times 15 = 30, \frac{225 D(S^2)}{\sigma^4} = 30, D(S^2) = \frac{2}{15}\sigma^4.$

17. 设总体 $X \sim N(\mu, \sigma^2)(\sigma > 0)$,从该总体中抽取简单随机样本 $X_1, X_2, \cdots, X_{2n}(n \geq 2)$,其样本均值 $\overline{X} = \frac{1}{2n}\sum_{i=1}^{2n} X_i$,求统计量 $Y = \sum_{i=1}^{n}(X_i + X_{n+i} - 2\overline{X})^2$ 的数学期望 $E(Y)$.

解 $\quad E(Y) = \sum_{i=1}^{n} E(X_i + X_{n+i} - 2\overline{X})^2$

$$= \sum_{i=1}^{n} \{D(X_i + X_{n+i} - 2\overline{X}) + [E(X_i + X_{n+i} - 2\overline{X})]^2\},$$

其中

$$E(X_i + X_{n+i} - 2\overline{X}) = E(X_i) + E(X_{n+i}) - 2E(\overline{X}) = 0,$$
$$D(X_i + X_{n+i} - 2\overline{X}) = D\left[\left(X_i - \frac{1}{n}X_i\right) + \left(X_{n+i} - \frac{1}{n}X_{n+i}\right) + \left(-\frac{1}{n}\sum_{\substack{j \neq i \\ j \neq n+i}} X_j\right)\right]$$
$$= \frac{(n-1)^2}{n^2}D(X_i) + \frac{(n-1)^2}{n^2}D(X_{n+i}) + \frac{1}{n^2}(2n-2)D(X_j)$$
$$= \frac{2(n-1)^2}{n^2}\sigma^2 + \frac{2(n-1)}{n^2}\sigma^2$$
$$= \frac{2(n-1)}{n}\sigma^2,$$

代入上式,则

$$E(Y) = 2(n-1)\sigma^2.$$

18. 设总体 $X \sim N(\mu_1, \sigma^2)$, $Y \sim N(\mu_2, \sigma^2)$, $X_1, X_2, \cdots, X_{n_1}$ 和 $Y_1, Y_2, \cdots, Y_{n_2}$ 分别是来自总体 X

和 Y 的简单随机样本,计算 $E\left[\dfrac{\sum\limits_{i=1}^{n_1}(X_i-\overline{X})^2+\sum\limits_{j=1}^{n_2}(Y_j-\overline{Y})^2}{n_1+n_2-2}\right]$.

解 样本方差

$$S_1^2=\dfrac{1}{n_1-1}\sum_{i=1}^{n_1}(X_i-\overline{X})^2,$$

$$S_2^2=\dfrac{1}{n_2-1}\sum_{j=1}^{n_2}(Y_j-\overline{Y})^2,$$

则

$$\dfrac{(n_1-1)S_1^2}{\sigma^2}\sim\chi^2(n_1-1),\ \dfrac{(n_2-1)S_2^2}{\sigma^2}\sim\chi^2(n_2-1),$$

两者相互独立,且

$$\dfrac{(n_1-1)S_1^2+(n_2-1)S_2^2}{\sigma^2}=\dfrac{\sum\limits_{i=1}^{n_1}(X_i-\overline{X})^2+\sum\limits_{j=1}^{n_2}(Y_j-\overline{Y})^2}{\sigma^2}\sim\chi^2(n_1+n_2-2),$$

因此

$$E\left[\dfrac{\sum\limits_{i=1}^{n_1}(X_i-\overline{X})^2+\sum\limits_{j=1}^{n_2}(Y_j-\overline{Y})^2}{\sigma^2}\right]=n_1+n_2-2,$$

故

$$E\left[\dfrac{\sum\limits_{i=1}^{n_1}(X_i-\overline{X})^2+\sum\limits_{j=1}^{n_2}(Y_j-\overline{Y})^2}{n_1+n_2-2}\right]=\sigma^2.$$

典型例题讲解

第7章 参数估计

习 题 7

1. 对某一距离进行 5 次测量,结果(单位:m)如下:
$$2\ 781, 2\ 836, 2\ 807, 2\ 763, 2\ 858,$$
已知测量结果服从正态分布 $N(\mu,\sigma^2)$,求参数 μ 和 σ^2 的矩估计值.

解 μ 的矩估计量为 $\hat{\mu}=\overline{X}$,σ^2 的矩估计量为 $\hat{\sigma^2}=\dfrac{1}{n}\sum\limits_{i=1}^{n}(X_i-\overline{X})^2=S^{*2}$. 由

$$\overline{x}=\frac{1}{5}(2\ 781+2\ 836+2\ 807+2\ 763+2\ 858)=2\ 809,$$

$$s^{*2}=\frac{1}{5}\times 6\ 034=1\ 206.8,$$

所以
$$\hat{\mu}=2\ 809,\hat{\sigma^2}=1\ 206.8.$$

2. 设 $X_1,X_2,\cdots,X_n$ 是来自对数级数分布
$$P(X=k)=-\frac{1}{\ln(1-p)}\frac{p^k}{k}\quad(0<p<1,k=1,2,\cdots)$$
的样本,求参数 p 的矩估计量.

解 $\alpha_1=E(X)=\sum\limits_{k=1}^{\infty}p^k\dfrac{-1}{\ln(1-p)}=-\dfrac{1}{\ln(1-p)}\sum\limits_{k=1}^{\infty}p^k=-\dfrac{1}{\ln(1-p)}\cdot\dfrac{p}{1-p},$

因为 p 很难解出来,所以再求总体的二阶原点矩

$$\alpha_2=E(X^2)=\sum_{k=1}^{\infty}kp^k\frac{-1}{\ln(1-p)}=-\frac{p}{\ln(1-p)}\sum_{k=1}^{\infty}kp^{k-1}=-\frac{p}{\ln(1-p)}\left[\sum_{k=1}^{\infty}x^k\right]'_{x=p}$$

$$=-\frac{p}{\ln(1-p)}\left[\frac{x}{1-x}\right]'_{x=p}=-\frac{p}{\ln(1-p)}\cdot\frac{1}{(1-p)^2},$$

$$\frac{\alpha_1}{\alpha_2}=1-p.$$

可得 $p=\dfrac{\alpha_2-\alpha_1}{\alpha_2}$,所以参数 p 的矩估计量为

$$\hat{p}=\frac{\dfrac{1}{n}\sum\limits_{i=1}^{n}X_i^2-\overline{X}}{\dfrac{1}{n}\sum\limits_{i=1}^{n}X_i^2}=1-\frac{\overline{X}}{A_2}.$$

3. 设总体 X 服从参数为 N 和 p 的二项分布,$X_1,X_2,\cdots,X_n$ 为取自 X 的样本,试求参数 N 和 p 的矩估计量.

解
$$\begin{cases} \alpha_1 = E(X) = Np, \\ \alpha_2 = E(X^2) = Np(1-p)+(Np)^2, \end{cases}$$

解得 $N = \dfrac{\alpha_1}{p}$,$(1-p)+Np = \dfrac{\alpha_2}{\alpha_1}$,即

$$N = \frac{\alpha_1}{p},$$
$$p = 1 - \frac{\alpha_2 - \alpha_1^2}{\alpha_1},$$

所以参数 N 和 p 的矩估计量分别为

$$\hat{N} = \frac{\overline{X}}{\hat{p}}, \quad \hat{p} = 1 - \frac{S^{*2}}{\overline{X}}.$$

4. 设总体 X 的概率密度为

$$f(x;\theta) = \begin{cases} c^{\frac{1}{\theta}} \dfrac{1}{\theta} x^{-\left(1+\frac{1}{\theta}\right)}, & x \geqslant c, \\ 0, & \text{其他}, \end{cases}$$

其中未知参数 $0<\theta<1$,c 为已知常数,且 $c>0$. 从中抽得样本 $X_1,X_2,\cdots,X_n$,求 θ 的矩估计量.

解
$$\alpha_1 = E(X) = \int_c^{+\infty} c^{\frac{1}{\theta}} \frac{1}{\theta} x^{-\frac{1}{\theta}} dx = c^{\frac{1}{\theta}} \frac{1}{\theta} \frac{1}{1-\frac{1}{\theta}} x^{1-\frac{1}{\theta}} \Big|_c^{+\infty}$$

$$= c^{\frac{1}{\theta}} \frac{1}{\theta - 1} (-c c^{-\frac{1}{\theta}}) = \frac{c}{1-\theta},$$

解出 θ,得

$$\theta = 1 - \frac{c}{\alpha_1},$$

于是 θ 的矩估计量为

$$\hat{\theta} = 1 - \frac{c}{\overline{X}}.$$

5. 设总体 X 的概率密度为

$$f(x;\alpha) = \begin{cases} (\alpha+1)x^{\alpha}, & 0<x<1, \\ 0, & \text{其他}, \end{cases} \quad (\alpha>-1),$$

试用样本 $X_1,X_2,\cdots,X_n$ 求参数 α 的矩估计量和最大似然估计量.

解 $\alpha_1 = E(X) = \int_0^1 (\alpha+1)x^{\alpha+1} dx = \dfrac{\alpha+1}{\alpha+2} x^{\alpha+2} \Big|_0^1 = \dfrac{\alpha+1}{\alpha+2}$,

解出 α,得

$$\alpha = \frac{1-2\alpha_1}{\alpha_1 - 1},$$

所以 α 的矩估计量为

$$\hat{\alpha} = \frac{1 - 2\bar{X}}{\bar{X} - 1}.$$

设 $x_1, x_2, \cdots, x_n$ 为样本 $X_1, X_2, \cdots, X_n$ 的一组样本值,则似然函数

$$L(\alpha) = \prod_{i=1}^{n} (\alpha+1) x_i^{\alpha} = (\alpha+1)^n (x_1 x_2 \cdots x_n)^{\alpha},$$

于是

$$\ln L(\alpha) = n\ln(\alpha+1) + \alpha \sum_{i=1}^{n} \ln x_i.$$

似然方程为

$$\frac{\mathrm{d}\ln L}{\mathrm{d}\alpha} = \frac{n}{\alpha+1} + \sum_{i=1}^{n} \ln x_i = 0,$$

解得 α 的最大似然估计量

$$\hat{\alpha} = -\left(1 + \frac{n}{\sum_{i=1}^{n} \ln X_i}\right).$$

6. 已知总体 X 在 $[\theta_1, \theta_2]$ 上服从均匀分布,$X_1, X_2, \cdots, X_n$ 是取自 X 的一个样本,求 θ_1, θ_2 的矩估计量和最大似然估计量.

解
$$\alpha_1 = E(X) = \frac{\theta_1 + \theta_2}{2},$$

$$\alpha_2 = E(X^2) = \frac{(\theta_2 - \theta_1)^2}{12} + \frac{(\theta_1 + \theta_2)^2}{4} = \frac{\theta_1^2 + \theta_1 \theta_2 + \theta_2^2}{3},$$

解方程组

$$\begin{cases} \alpha_1 = \dfrac{\theta_1 + \theta_2}{2}, \\ \alpha_2 = \dfrac{\theta_1^2 + \theta_1 \theta_2 + \theta_2^2}{3}, \end{cases}$$

得

$$\theta_1 = \alpha_1 \pm \sqrt{3(\alpha_2 - \alpha_1^2)},$$
$$\theta_2 = \alpha_1 \mp \sqrt{3(\alpha_2 - \alpha_1^2)}.$$

注意到 $\theta_1 < \theta_2$,得 θ_1, θ_2 的矩估计量分别为

$$\hat{\theta}_1 = \bar{X} - \sqrt{3} S^*, \quad \hat{\theta}_2 = \bar{X} + \sqrt{3} S^*.$$

设 $x_1, x_2, \cdots, x_n$ 为样本 $X_1, X_2, \cdots, X_n$ 的一组样本值,则似然函数

$$L(\theta_1, \theta_2) = \prod_{i=1}^{n} \frac{1}{\theta_2 - \theta_1} = \frac{1}{(\theta_2 - \theta_1)^n}, \theta_1 \leq x_1, x_2, \cdots, x_n \leq \theta_2.$$

由最大似然估计的定义知,θ_1, θ_2 的最大似然估计量分别为

$$\hat{\theta}_1 = \min\{X_1, X_2, \cdots, X_n\} = X_{(1)}, \quad \hat{\theta}_2 = \max\{X_1, X_2, \cdots, X_n\} = X_{(n)}.$$

7. 设总体的概率密度如下,试利用样本 $X_1, X_2, \cdots, X_n$ 求参数 θ 的最大似然估计量:

(1) $f(x;\theta) = \begin{cases} \theta\alpha x^{\alpha-1}\mathrm{e}^{-\theta x^{\alpha}}, & x>0, \alpha \text{ 已知}, \\ 0 & \text{其他}; \end{cases}$

(2) $f(x;\theta) = \dfrac{1}{2}\mathrm{e}^{-|x-\theta|}, -\infty < x < +\infty, -\infty < \theta < +\infty$.

解 (1) 设 $x_1, x_2, \cdots, x_n$ 为样本 $X_1, X_2, \cdots, X_n$ 的一组样本值,当 $X_i > 0, i=1,2,\cdots,n$ 时,似然函数

$$L(\theta) = \prod_{i=1}^{n} \theta\alpha x_i^{\alpha-1}\mathrm{e}^{-\theta x_i^{\alpha}} = \theta^n \alpha^n (x_1 x_2 \cdots x_n)^{\alpha-1} \mathrm{e}^{-\theta \sum_{i=1}^{n} x_i^{\alpha}},$$

于是

$$\ln L(\theta) = n\ln\theta + n\ln\alpha + (\alpha-1)\sum_{i=1}^{n}\ln x_i - \theta\sum_{i=1}^{n} x_i^{\alpha}.$$

似然方程为

$$\frac{\mathrm{d}\ln L}{\mathrm{d}\theta} = \frac{n}{\theta} - \sum_{i=1}^{n} x_i^{\alpha} = 0,$$

解似然方程,得 θ 的最大似然估计量

$$\hat{\theta} = \frac{n}{\sum_{i=1}^{n} X_i^{\alpha}};$$

(2) $$L(\theta) = \prod_{i=1}^{n} \frac{1}{2}\mathrm{e}^{-|x_i-\theta|} = \frac{1}{2^n}\mathrm{e}^{-\sum_{i=1}^{n}|x_i-\theta|},$$

由最大似然估计的定义得 θ 的最大似然估计量为样本中位数,即

$$\hat{\theta} = \begin{cases} X_{\left(\frac{n+1}{2}\right)}, & n \text{ 为奇数}, \\ \dfrac{1}{2}\left[X_{\left(\frac{n}{2}\right)} + X_{\left(\frac{n}{2}+1\right)}\right], & n \text{ 为偶数}. \end{cases}$$

8. 设总体 X 服从指数分布

$$f(x;\theta) = \begin{cases} \mathrm{e}^{-(x-\theta)}, & x \geqslant \theta, \\ 0, & \text{其他}, \end{cases}$$

试利用样本 $X_1, X_2, \cdots, X_n$ 求参数 θ 的最大似然估计量.

解 设 $x_1, x_2, \cdots, x_n$ 为样本 $X_1, X_2, \cdots, X_n$ 的一组样本值,则似然函数

$$L(\theta) = \prod_{i=1}^{n} \mathrm{e}^{-(x_i-\theta)} = \mathrm{e}^{-\sum_{i=1}^{n} x_i + n\theta}, x_i \geqslant \theta, i=1,2,\cdots,n,$$

于是

$$\ln L = n\theta - \sum_{i=1}^{n} x_i,$$

$$\frac{\mathrm{d}\ln L}{\mathrm{d}\theta} = n \neq 0.$$

由最大似然估计的定义,θ 的最大似然估计量为 $\hat{\theta} = X_{(1)} = \min\{X_1, X_2, \cdots, X_n\}$.

9. 设总体 X 服从几何分布

$$P(X=k) = p(1-p)^{k-1} (k=1,2,\cdots; 0<p<1),$$

试利用样本 $X_1, X_2, \cdots, X_n$ 求未知参数 p 的最大似然估计量.

解 设 $x_1, x_2, \cdots, x_n$ 为样本 $X_1, X_2, \cdots, X_n$ 的一组样本值,则似然函数

$$L(p) = \prod_{i=1}^{n} p(1-p)^{x_i-1} = p^n (1-p)^{\sum_{i=1}^{n} x_i - n}.$$

于是

$$\ln L = n\ln p + \left(\sum_{i=1}^{n} x_i - n\right)\ln(1-p),$$

似然方程为

$$\frac{\mathrm{d}\ln L}{\mathrm{d}p} = \frac{n}{p} - \frac{\sum_{i=1}^{n} x_i - n}{1-p} = 0.$$

解似然方程,得 p 的最大似然估计量

$$\hat{p} = \frac{1}{\bar{X}}.$$

10. 罐中有 N 个硬币,其中有 θ 个是普通硬币(掷出正面与反面的概率各为 0.5),其余 $N-\theta$ 个硬币的两面都是正面. 从罐中随机取出一个硬币,把它连掷两次,记下结果,但不去查看它属于哪一种硬币,又把它放回罐中,如此重复 n 次. 若掷出 0 次、1 次、2 次出现正面的次数分别为 n_0, n_1, n_2,利用(1)矩估计法;(2)最大似然估计法去估计参数 θ.

解 设 X 为连掷两次正面出现的次数, $A=$ "取出的硬币为普通硬币",则

$$P(X=0) = P(A)P(X=0|A) + P(\bar{A})P(X=0|\bar{A}) = \frac{\theta}{N}\left(\frac{1}{2}\right)^2 = \frac{\theta}{4N},$$

$$P(X=1) = P(A)P(X=1|A) + P(\bar{A})P(X=1|\bar{A}) = \frac{\theta}{N} \cdot C_2^1 \left(\frac{1}{2}\right)^2 = \frac{\theta}{2N},$$

$$P(X=2) = P(A)P(X=2|A) + P(\bar{A})P(X=2|\bar{A})$$
$$= \frac{\theta}{N}\left(\frac{1}{2}\right)^2 + \frac{N-\theta}{N} = \frac{4N-3\theta}{4N},$$

即 X 的分布列为

X	0	1	2
P	$\frac{\theta}{4N}$	$\frac{\theta}{2N}$	$\frac{4N-3\theta}{4N}$

(1)

$$\alpha_1 = E(X) = \frac{\theta}{2N} + \frac{4N-3\theta}{2N} = \frac{2N-\theta}{N},$$

解出 θ 得

$$\theta = N(2-\alpha_1),$$

故参数 θ 的矩估计量为

$$\hat{\theta} = N(2-\bar{X}) = N\left[2 - \frac{1}{n}(n_1 + 2n_2)\right]$$

$$= \frac{N}{n}(2n-n_1-2n_2) = \frac{N}{n}(2n_0+n_1);$$

（2）似然函数为

$$L(\theta) = \left(\frac{\theta}{4N}\right)^{n_0} \left(\frac{\theta}{2N}\right)^{n_1} \left(\frac{4N-3\theta}{4N}\right)^{n_2},$$

于是

$$\ln L = n_0[\ln\theta - \ln(4N)] + n_1[\ln\theta - \ln(2N)] + n_2[\ln(4N-3\theta) - \ln(4N)],$$

似然方程为

$$\frac{\mathrm{d}\ln L}{\mathrm{d}\theta} = \frac{n_0}{\theta} + \frac{n_1}{\theta} - \frac{3n_2}{4N-3\theta} = 0.$$

解似然方程,得参数 θ 的最大似然估计量

$$\hat{\theta} = \frac{4N}{3n}(n_0+n_1).$$

11. 设总体 X 的概率密度为

$$f(x) = \begin{cases} \dfrac{6x}{\theta^3}(\theta-x), & 0<x<\theta, \\ 0, & \text{其他}, \end{cases}$$

$X_1, X_2, \cdots, X_n$ 是取自总体 X 的简单随机样本,求:

（1）θ 的矩估计量 $\hat{\theta}$;

（2）$\hat{\theta}$ 的方差 $D(\hat{\theta})$.

解 （1） $\alpha_1 = E(X) = \int_0^\theta x \cdot \dfrac{6x}{\theta^3}(\theta-x)\,\mathrm{d}x = \dfrac{1}{\theta^3}\left(\theta 2x^3 - \dfrac{3}{2}x^4\right)\bigg|_0^\theta$

$$= \frac{1}{2}\theta,$$

可得 $\theta = 2\alpha_1$;参数 θ 的矩估计量为 $\hat{\theta} = 2\overline{X}$.

（2） $E(X^2) = \int_0^\theta \dfrac{6x^3}{\theta^3}(\theta-x)\,\mathrm{d}x = \dfrac{1}{\theta^3}\left(\dfrac{3}{2}\theta x^4 - \dfrac{6}{5}x^5\right)\bigg|_0^\theta = \dfrac{3}{10}\theta^2,$

$$D(X) = E(X^2) - [E(X)]^2 = \frac{1}{20}\theta^2,$$

故

$$D(\hat{\theta}) = D(2\overline{X}) = 4 \cdot \frac{D(X)}{n} = \frac{\theta^2}{5n}.$$

12. 设总体 X 的概率密度为

$$f(x;\theta) = \begin{cases} \theta, & 0<x<1, \\ 1-\theta, & 1\leq x<2, \\ 0, & \text{其他}, \end{cases}$$

其中 $\theta(0<\theta<1)$ 是未知参数. $X_1, X_2, \cdots, X_n$ 为来自总体 X 的简单随机样本,记 N 为样本值 $x_1, x_2, \cdots, x_n$ 中小于 1 的个数,求:

（1）θ 的矩估计量;

（2）θ 的最大似然估计量.

解 （1） $\alpha_1 = E(X) = \int_0^1 x\theta dx + \int_1^2 x(1-\theta)dx = \frac{1}{2}\theta + \frac{3}{2}(1-\theta)$

$$= \frac{3}{2} - \theta,$$

$$\theta = \frac{3}{2} - \alpha_1,$$

参数 θ 的矩估计量为

$$\hat{\theta} = \frac{3}{2} - \overline{X}.$$

（2）似然函数为

$$L(\theta) = \theta^N(1-\theta)^{n-N}, 0 < x_i < 2, i = 1, 2, \cdots, n,$$

于是

$$\ln L(\theta) = N\ln\theta + (n-N)\ln(1-\theta),$$

似然方程为

$$\frac{d\ln L(\theta)}{d\theta} = \frac{N}{\theta} - \frac{n-N}{1-\theta} = 0,$$

参数 θ 的最大似然估计量为

$$\hat{\theta} = \frac{N}{n}.$$

13. 设总体的分布为截尾几何分布

$$P(X = k) = \theta^{k-1}(1-\theta) \quad (k = 1, 2, \cdots, r),$$
$$P(X = r+1) = \theta^r,$$

从中抽得样本 $X_1, X_2, \cdots, X_n$，其中有 M 个取值为 $r+1$，求 θ 的最大似然估计量.

解 似然函数为

$$L(\theta) = \prod_{i=1}^{n-M} \left[\theta^{x_i-1}(1-\theta)\right]\theta^{Mr} = \theta^{\sum_{i=1}^{n-M}x_i-(n-M)}(1-\theta)^{n-M}\theta^{Mr},$$

于是

$$\ln L = \left[\sum_{i=1}^{n-M} x_i - (n-M) + Mr\right]\ln\theta + (n-M)\ln(1-\theta),$$

似然方程为

$$\frac{d\ln L}{d\theta} = \left(\sum_{i=1}^{n-M} x_i - n + M + Mr\right)\frac{1}{\theta} - (n-M)\frac{1}{1-\theta} = 0.$$

解似然方程，得参数 θ 的最大似然估计量

$$\hat{\theta} = \frac{\sum_{i=1}^{n-M} X_i - n + M + Mr}{\sum_{i=1}^{n-M} X_i + Mr} = \frac{\sum_{i=1}^{n} X_i - n}{\sum_{i=1}^{n} X_i - M}.$$

14. 设总体 X 的概率密度为

$$f(x) = \begin{cases} 2e^{-2(x-\theta)}, & x > \theta, \\ 0, & x \leq \theta, \end{cases}$$

其中 $\theta > 0$ 是未知参数. 从总体 X 中抽取简单随机样本 $X_1, X_2, \cdots, X_n$, 记 $\hat{\theta} = \min\{X_1, X_2, \cdots, X_n\}$.

(1) 求总体 X 的分布函数 $F(x)$;

(2) 求统计量 $\hat{\theta}$ 的分布函数 $F_{\hat{\theta}}(x)$;

(3) 若用 $\hat{\theta}$ 作为 θ 的估计量, 讨论它是否具有无偏性.

解 (1) 总体 X 的分布函数为

$$F(x) = \int_{-\infty}^{x} f(t) \,dt = \begin{cases} 1 - e^{-2(x-\theta)}, & x > \theta, \\ 0, & x \leq \theta; \end{cases}$$

(2) 统计量 $\hat{\theta} = \min\{X_1, X_2, \cdots, X_n\}$ 的分布函数为

$$\begin{aligned} F_{\hat{\theta}}(x) &= P(\hat{\theta} \leq x) = P(\min\{X_1, X_2, \cdots, X_n\} \leq x) \\ &= 1 - P(\min\{X_1, X_2, \cdots, X_n\} > x) \\ &= 1 - P(X_1 > x) P(X_2 > x) \cdots P(X_n > x) \\ &= 1 - [1 - F(x)]^n \\ &= \begin{cases} 1 - e^{-2n(x-\theta)}, & x > \theta, \\ 0, & x \leq \theta; \end{cases} \end{aligned}$$

(3) 统计量 $\hat{\theta}$ 的概率密度为

$$f_{\hat{\theta}}(x) = F'_{\hat{\theta}}(x) = \begin{cases} 2n e^{-2n(x-\theta)}, & x > \theta, \\ 0, & x \leq \theta, \end{cases}$$

由于

$$\begin{aligned} E(\hat{\theta}) &= \int_{-\infty}^{+\infty} x f_{\hat{\theta}}(x) \,dx = \int_{\theta}^{+\infty} 2nx e^{-2n(x-\theta)} \,dx \\ &= \theta + \frac{1}{2n} \neq \theta, \end{aligned}$$

所以 $\hat{\theta}$ 作为 θ 的估计量不具有无偏性.

15. 设 $X_1, X_2, \cdots, X_n (n > 2)$ 为来自总体 $N(0, \sigma^2)$ 的简单随机样本, 其样本均值为 $\overline{X}$, 记 $Y_i = X_i - \overline{X} (i = 1, 2, \cdots, n)$. 若 $C(Y_1 + Y_n)^2$ 是 σ^2 的无偏估计量, 求常数 C.

解
$$E(Y_1 + Y_n) = E(X_1 + X_n - 2\overline{X}) = 0,$$

$$\begin{aligned} D(Y_1 + Y_n) &= D\left[\left(X_1 - \frac{2}{n}X_1\right) + \left(X_n - \frac{2}{n}X_n\right) + \left(-\frac{2}{n}\sum_{i=2}^{n-1} X_i\right)\right] \\ &= \frac{(n-2)^2}{n^2} D(X_1) + \frac{(n-2)^2}{n^2} D(X_n) + \frac{4}{n^2} \sum_{i=2}^{n-1} D(X_i) \\ &= \frac{2(n-2)}{n} \sigma^2, \end{aligned}$$

由题意

$$\sigma^2 = E[C(Y_1 + Y_n)^2] = CE[(Y_1 + Y_n)^2]$$

$$= C\{D(Y_1+Y_n) + [E(Y_1+Y_n)]^2\}$$
$$= C\frac{2(n-2)}{n}\sigma^2,$$

故 $C = \dfrac{n}{2(n-2)}$.

16. 设总体 X 服从正态分布 $N(\mu, \sigma^2)$，$X_1, X_2, \cdots, X_n$ 是其样本.

(1) 求 c 使得 $\hat{\sigma}^2 = c\sum_{i=1}^{n-1}(X_{i+1}-X_i)^2$ 为 σ^2 的无偏估计量;

(2) 求 k 使得 $\hat{\sigma} = k\sum_{i=1}^{n}|X_i - \overline{X}|$ 为 σ 的无偏估计量.

解 (1) $E(\hat{\sigma}^2) = c\sum_{i=1}^{n-1}E[(X_{i+1}-X_i)^2] = c\sum_{i=1}^{n-1}\{D(X_{i+1}-X_i) + [E(X_{i+1}-X_i)]^2\}$
$$= c\sum_{i=1}^{n-1}[D(X_{i+1}) + D(X_i)] = c \cdot 2(n-1)\sigma^2,$$

可见当 $c = \dfrac{1}{2(n-1)}$ 时，$\hat{\sigma}^2 = c\sum_{i=1}^{n-1}(X_{i+1}-X_i)^2$ 为 σ^2 的无偏估计量.

(2) $E(\hat{\sigma}) = k\sum_{i=1}^{n}E(|X_i - \overline{X}|) = k\sum_{i=1}^{n}E\left(\left|\left(X_i - \frac{1}{n}X_i\right) - \frac{1}{n}\sum_{j \neq i}X_j\right|\right)$
$$= k\sum_{i=1}^{n}E\left(\left|\frac{n-1}{n}X_i - \frac{1}{n}\sum_{j \neq i}X_j\right|\right).$$

设 $Z = \dfrac{n-1}{n}X_i - \dfrac{1}{n}\sum_{j \neq i}X_j$，因为

$$\frac{n-1}{n}X_i \sim N\left(\frac{n-1}{n}\mu, \frac{(n-1)^2}{n^2}\sigma^2\right),$$
$$\frac{1}{n}\sum_{j \neq i}X_j \sim N\left(\frac{n-1}{n}\mu, \frac{n-1}{n^2}\sigma^2\right),$$

两者相互独立，所以

$$Z \sim N\left(0, \frac{n-1}{n}\sigma^2\right), \quad \frac{Z}{\sqrt{\frac{n-1}{n}}\sigma} \sim N(0,1).$$

因为

$$E\left(\left|\frac{Z}{\sqrt{\frac{n-1}{n}}\sigma}\right|\right) = \sqrt{\frac{2}{\pi}},$$

所以

$$E(|Z|) = \sqrt{\frac{2(n-1)}{\pi n}}\sigma,$$

于是

$$E(\hat{\sigma}) = k\sum_{i=1}^{n}E(|Z|) = k\sqrt{\frac{2n(n-1)}{\pi}}\sigma.$$

故当 $k=\dfrac{\sqrt{\pi}}{\sqrt{2n(n-1)}}$ 时, $\hat{\sigma}=k\sum\limits_{i=1}^{n}|X_i-\overline{X}|$ 为 σ 的无偏估计量.

17. 设 $X_1,X_2,\cdots,X_n$ 是来自参数为 λ 的泊松分布总体的样本,试证:对任意常数 k, 统计量 $k\overline{X}+(1-k)S^2$ 是 λ 的无偏估计量.

证 $E[k\overline{X}+(1-k)S^2]=kE(\overline{X})+(1-k)E(S^2)=k\lambda+\lambda-k\lambda=\lambda.$

注:此处利用了 $\overline{X}$ 是 $E(X)$ 的无偏估计量, S^2 是 $D(X)$ 的无偏估计量,所以对任意常数 k, 统计量 $k\overline{X}+(1-k)S^2$ 是 λ 的无偏估计量.

18. 设总体 X 有数学期望 μ, $X_1,X_2,\cdots,X_n$ 为来自 X 的样本,问下列统计量是不是 μ 的无偏估计量:(1) $\dfrac{1}{2}(X_1+X_2)$;(2) $-X_1+2X_2$;(3) $\dfrac{1}{10}(2X_1+3X_2+3X_{n-1}+2X_n)$;(4) $X_{(1)}$;(5) $X_{(n)}$; (6) $\dfrac{1}{2}(X_{(1)}+X_{(n)})$.

解 (1),(2),(3) 都是样本的线性组合,而且组合系数之和为 1, 故它们都是 μ 的无偏估计量. 但 (4),(5),(6) 一般不是 μ 的无偏估计量. 如 $X\sim B(1,p)$, 则 $P(X=1)=p, P(X=0)=1-p$, $E(X)=\mu=p.$ $X_{(1)}$ 不是 0 就是 1, 且

$$P(X_{(1)}=1)=P(X_1=1,X_2=1,\cdots,X_n=1)=p^n,$$

故当 $n\geq 2$ 时,

$$E[X_{(1)}]=p^n\neq p,$$

即 $X_{(1)}$ 不是 $\mu=p$ 的无偏估计量; $X_{(n)}$ 不是 0 就是 1, 且

$$P(X_{(n)}=0)=P(X_1=0,X_2=0,\cdots,X_n=0)=(1-p)^n,$$

故当 $n\geq 2$ 时,

$$E(X_{(n)})=1-(1-p)^n\neq p,$$

即 $X_{(n)}$ 不是 $\mu=p$ 的无偏估计量;同理, $\dfrac{1}{2}(X_{(1)}+X_{(n)})$ 不是 $\mu=p$ 的无偏估计量.

19. 设 $\hat{\theta}$ 是参数 θ 的无偏估计量,且有 $D(\hat{\theta})>0$, 试证: $\hat{\theta}^2=(\hat{\theta})^2$ 不是 θ^2 的无偏估计量.

证 $E(\hat{\theta}^2)=D(\hat{\theta})+[E(\hat{\theta})]^2=D(\hat{\theta})+\theta^2\neq \theta^2,$

即 $\hat{\theta}^2$ 不是 θ^2 的无偏估计量.

注:该题说明当 $\hat{\theta}$ 是未知参数 θ 的无偏估计量时, $\hat{\theta}$ 的函数 $g(\hat{\theta})$ 不一定是 θ 的函数 $g(\theta)$ 的无偏估计量.

20. 设总体 $X\sim N(\mu,\sigma^2)$, X_1,X_2,X_3 是来自 X 的样本,试证:估计量

$$\hat{\mu}_1=\dfrac{1}{5}X_1+\dfrac{3}{10}X_2+\dfrac{1}{2}X_3,$$

$$\hat{\mu}_2=\dfrac{1}{3}X_1+\dfrac{1}{4}X_2+\dfrac{5}{12}X_3,$$

$$\hat{\mu}_3=\dfrac{1}{3}X_1+\dfrac{1}{6}X_2+\dfrac{1}{2}X_3$$

都是 μ 的无偏估计量,并指出它们中哪一个最有效.

证 $E(\hat{\mu}_1) = \frac{1}{5}E(X_1) + \frac{3}{10}E(X_2) + \frac{1}{2}E(X_3) = \left(\frac{1}{5} + \frac{3}{10} + \frac{1}{2}\right)\mu = \mu,$

$$E(\hat{\mu}_2) = \left(\frac{1}{3} + \frac{1}{4} + \frac{5}{12}\right)\mu = \mu,$$

$$E(\hat{\mu}_3) = \left(\frac{1}{3} + \frac{1}{6} + \frac{1}{2}\right)\mu = \mu,$$

故 $\hat{\mu}_1, \hat{\mu}_2, \hat{\mu}_3$ 都是 μ 的无偏估计量.

$$D(\hat{\mu}_1) = \frac{1}{25}D(X_1) + \frac{9}{100}D(X_2) + \frac{1}{4}D(X_3) = \frac{38}{100}\sigma^2 = 0.38\sigma^2,$$

$$D(\hat{\mu}_2) = \left(\frac{1}{9} + \frac{1}{16} + \frac{25}{144}\right)\sigma^2 = \frac{50}{144}\sigma^2 = 0.347\sigma^2,$$

$$D(\hat{\mu}_3) = \left(\frac{1}{9} + \frac{1}{36} + \frac{1}{4}\right)\sigma^2 = \frac{14}{36}\sigma^2 = 0.389\sigma^2,$$

所以 $\hat{\mu}_2$ 对 μ 的估计最有效.

21. 设总体 X 服从区间 $[1, \theta]$ 上的均匀分布, $\theta > 1$ 未知, $X_1, X_2, \cdots, X_n$ 是取自 X 的样本.

(1) 求 θ 的矩估计量和最大似然估计量;

(2) 判断上述两个估计量是不是无偏估计量, 若不是请修正为无偏估计量;

(3) 问在(2)中的两个无偏估计量哪一个更有效?

解 (1) $$\alpha_1 = E(X) = \frac{1+\theta}{2},$$

$$\theta = 2\alpha_1 - 1,$$

θ 的矩估计量为 $\hat{\theta} = 2\bar{X} - 1.$

$$L(\theta) = \prod_{i=1}^{n} \frac{1}{\theta-1} = \frac{1}{(\theta-1)^n}, 1 \leq x_1, x_2, \cdots, x_n \leq \theta,$$

θ 的最大似然估计量为 $\hat{\theta}_L = X_{(n)} = \max\{X_1, X_2, \cdots, X_n\}.$

(2) $$E(\hat{\theta}) = E(2\bar{X} - 1) = 2E(\bar{X}) - 1 = 1 + \theta - 1 = \theta,$$

可见矩估计量 $\hat{\theta}$ 是 θ 的无偏估计量.

为求 $\hat{\theta}_L$ 的数学期望, 先求 $\hat{\theta}_L = X_{(n)}$ 的概率密度 $f_L(x)$.

总体 X 的分布函数为

$$F(x) = \begin{cases} 0, & x < 1, \\ \dfrac{x-1}{\theta-1}, & 1 \leq x \leq \theta, \\ 1, & x > \theta, \end{cases}$$

$\hat{\theta}_L = X_{(n)}$ 的分布函数为

$$F_L(x) = [F(x)]^n,$$

所以

$$f_L(x) = F_L'(x) = nF'(x)[F(x)]^{n-1} = nf(x)[F(x)]^{n-1}$$

$$= \begin{cases} \dfrac{n(x-1)^{n-1}}{(\theta-1)^n}, & 1 \leqslant x \leqslant \theta, \\ 0, & \text{其他}, \end{cases}$$

$$E(\hat{\theta}_L) = \int_1^\theta x \cdot \dfrac{n(x-1)^{n-1}}{(\theta-1)^n} \mathrm{d}x = \dfrac{n}{(\theta-1)^n} \left[\int_1^\theta (x-1)^n \mathrm{d}x + \int_1^\theta (x-1)^{n-1} \mathrm{d}x \right]$$

$$= \dfrac{n}{(\theta-1)^n} \left[\dfrac{(x-1)^{n+1}}{n+1} \bigg|_1^\theta + \dfrac{(x-1)^n}{n} \bigg|_1^\theta \right] = \dfrac{n}{(\theta-1)^n} \left[\dfrac{(\theta-1)^{n+1}}{n+1} + \dfrac{(\theta-1)^n}{n} \right]$$

$$= n \left(\dfrac{\theta-1}{n+1} + \dfrac{1}{n} \right) = \dfrac{n}{n+1}\theta + \dfrac{1}{n+1},$$

可见 $\hat{\theta}_L = X_{(n)}$ 不是 θ 的无偏估计量. 若将 $\hat{\theta}_L$ 修正为 $\hat{\theta}'_L = \dfrac{n+1}{n}\hat{\theta}_L - \dfrac{1}{n}$, 则 $\hat{\theta}'_L$ 是 θ 的无偏估计量.

（3） $$D(\hat{\theta}) = D(2\bar{X}-1) = 4D(\bar{X}) = \dfrac{(\theta-1)^2}{3n},$$

$$E(\hat{\theta}_L^2) = \int_1^\theta x^2 \dfrac{n(x-1)^{n-1}}{(\theta-1)^n} \mathrm{d}x = \dfrac{n}{(\theta-1)^n} \left[\dfrac{x^2(x-1)^n}{n} \bigg|_1^\theta - \dfrac{2}{n} \int_1^\theta x(x-1)^n \mathrm{d}x \right]$$

$$= \dfrac{n}{(\theta-1)^n} \left[\dfrac{\theta^2(\theta-1)^n}{n} - \dfrac{2x(x-1)^{n+1}}{n(n+1)} \bigg|_1^\theta + \dfrac{2}{n(n+1)} \int_1^\theta (x-1)^{n+1} \mathrm{d}x \right]$$

$$= \theta^2 - \dfrac{2\theta(\theta-1)}{n+1} + \dfrac{2(\theta-1)^2}{(n+1)(n+2)} = \dfrac{1}{(n+1)(n+2)} [(n+1)n\theta^2 + 2n\theta + 2],$$

$$D(\hat{\theta}_L) = E(\hat{\theta}_L^2) - [E(\hat{\theta}_L)]^2$$

$$= \dfrac{n\theta^2}{(n+2)} + \dfrac{2n\theta}{(n+1)(n+2)} + \dfrac{2}{(n+1)(n+2)} - \dfrac{n^2}{(n+1)^2}\theta^2 - \dfrac{2n\theta}{(n+1)^2} - \dfrac{1}{(n+1)^2}$$

$$= \left[\dfrac{n}{n+2} - \dfrac{n^2}{(n+1)^2} \right]\theta^2 + \dfrac{2n\theta}{(n+1)(n+2)} - \dfrac{2n\theta}{(n+1)^2} - \dfrac{1}{(n+1)^2} + \dfrac{2}{(n+1)(n+2)},$$

因此当 $n>1$ 时,

$$D(\hat{\theta}'_L) = \dfrac{(n+1)^2}{n^2} \left[\dfrac{n(n+1)^2 - n^2(n+2)}{(n+2)(n+1)^2}\theta^2 + \dfrac{-2n\theta}{(n+1)^2(n+2)} + \dfrac{n}{(n+1)^2(n+2)} \right]$$

$$= \dfrac{\theta^2}{n(n+2)} - \dfrac{2\theta}{n(n+2)} + \dfrac{1}{n(n+2)} = \dfrac{(\theta-1)^2}{n(n+2)} < \dfrac{(\theta-1)^2}{3n} = D(\hat{\theta}),$$

故 $\hat{\theta}'_L$ 较 $\hat{\theta}$ 对 θ 的估计更有效.

22. 设总体 X 的数学期望 $\mu = E(X)$ 已知, 试证: 统计量 $\dfrac{1}{n} \sum_{i=1}^n (X_i - \mu)^2$ 是总体方差 $\sigma^2 = D(X)$ 的无偏估计量.

证 $$E\left[\dfrac{1}{n} \sum_{i=1}^n (X_i - \mu)^2 \right] = \dfrac{1}{n} \sum_{i=1}^n E[(X_i - \mu)^2] = \sigma^2 = D(X).$$

23. 设总体 $X \sim N(\mu, \sigma^2)$, $X_1, X_2, \cdots, X_n$ 为来自总体 X 的样本, 试证: $S^2 = \dfrac{1}{n-1} \sum_{i=1}^n (X_i - \bar{X})^2$ 是 σ^2 的相合（一致）估计量.

证 $$S^2 = \dfrac{1}{n-1} \sum_{i=1}^n (X_i - \bar{X})^2 = \dfrac{1}{n-1} \left(\sum_{i=1}^n X_i^2 - n\bar{X}^2 \right).$$

因为 $X_1, X_2, \cdots, X_n$ 相互独立,所以 $X_1^2, X_2^2, \cdots, X_n^2$ 也相互独立且具有相同的分布. 由大数定律,对任意的 $\varepsilon > 0$ 有

$$\lim_{n \to \infty} P\left(\left| \frac{1}{n} \sum_{i=1}^{n} X_i^2 - E(X^2) \right| \geqslant \varepsilon \right) = 0,$$

即 $\frac{1}{n} \sum_{i=1}^{n} X_i^2$ 依概率收敛于 $\alpha_2 = E(X^2)$,而 $\overline{X}$ 依概率收敛于 $\alpha_1 = E(X)$,由依概率收敛的性质,有

$$\frac{1}{n} \sum_{i=1}^{n} (X_i - \overline{X})^2 = \frac{1}{n} \sum_{i=1}^{n} X_i^2 - \overline{X}^2 \xrightarrow{P} \alpha_2 - \alpha_1^2 = E(X^2) - [E(X)]^2 = D(X) = \sigma^2 \ (n \to \infty).$$

又由于 $\frac{n}{n-1} \to 1$(当 $n \to \infty$ 时),而 $S^2 = \frac{n}{n-1} S^{*2}$,故 S^2 依概率收敛于 σ^2,从而 S^2 是 σ^2 的相合估计量.

24. 设 $X_1, X_2, \cdots, X_n$ 是来自总体 $F(x;\theta)$ 的样本,$\hat{\theta}_n(X_1, X_2, \cdots, X_n)$ 是 θ 的一个估计量. 若 $E(\hat{\theta}_n) = \theta + k_n$,$D(\hat{\theta}_n) = \sigma_n^2$,且 $\lim_{n\to\infty} k_n = \lim_{n\to\infty} \sigma_n^2 = 0$,试证:$\hat{\theta}_n$ 是 θ 的相合(一致)估计量.

证 由切比雪夫不等式,对任意的 $\varepsilon > 0$ 有

$$P(|\hat{\theta}_n - \theta - k_n| \geqslant \varepsilon) \leqslant \frac{D(\hat{\theta}_n)}{\varepsilon^2},$$

于是

$$0 \leqslant \lim_{n \to \infty} P(|\hat{\theta}_n - \theta - k_n| \geqslant \varepsilon) \leqslant \lim_{n \to \infty} \frac{\sigma_n^2}{\varepsilon^2} = 0,$$

即 $\hat{\theta}_n$ 依概率收敛于 θ,故 $\hat{\theta}_n$ 是 θ 的相合估计量.

25. 设 $X_1, X_2, \cdots, X_n$ 是取自均匀分布在 $(0,\theta)$ 上的样本,试证:$T_n = \max\{X_1, X_2, \cdots, X_n\}$ 是 θ 的相合(一致)估计量.

证 $T_n = X_{(n)}$ 的分布函数为

$$F_T(t) = F^n(t) = \begin{cases} 0, & t < 0, \\ \dfrac{t^n}{\theta^n}, & 0 \leqslant t \leqslant \theta, \\ 1, & t > \theta, \end{cases}$$

T_n 的概率密度为

$$f_T(t) = F'_T(t) = nf(t) F^{n-1}(t) = \begin{cases} \dfrac{nt^{n-1}}{\theta^n}, & 0 \leqslant t \leqslant \theta, \\ 0, & \text{其他}, \end{cases}$$

$$E(T_n) = \int_0^\theta \frac{n}{\theta^n} t^n \, \mathrm{d}t = \frac{n}{\theta^n} \cdot \frac{\theta^{n+1}}{n+1} = \frac{n}{n+1} \theta,$$

$$E(T_n^2) = \int_0^\theta \frac{n}{\theta^n} t^{n+1} \, \mathrm{d}t = \frac{n}{\theta^n} \cdot \frac{\theta^{n+2}}{n+2} = \frac{n}{n+2} \theta^2,$$

所以

$$D(T_n) = \frac{n}{n+2} \theta^2 - \frac{n^2}{(n+1)^2} \theta^2 = \frac{n\theta^2}{(n+1)^2(n+2)}.$$

由切比雪夫不等式有

$$P\left(\left|T_n - \frac{n}{n+1}\theta\right| \geq \varepsilon\right) \leq \frac{n\theta^2}{(n+1)^2(n+2)\varepsilon^2},$$

所以

$$\lim_{n\to\infty} P\left(\left|T_n - \frac{n}{n+1}\theta\right| \geq \varepsilon\right) = \lim_{n\to\infty} P(|T_n - \theta| \geq \varepsilon) = 0,$$

故 T_n 是 θ 的相合估计量.

26. 从一批钉子中抽取 16 枚,测得其长度(单位:cm)分别为 2.14,2.10,2.13,2.15,2.13,2.12,2.13,2.10,2.15,2.12,2.14,2.10,2.13,2.11,2.14,2.11. 设钉长分布为正态分布,试在下列情况下求总体数学期望 μ 的置信水平为 0.90 的置信区间:

(1) 已知 $\sigma = 0.01$；　　(2) σ 为未知.

解　　$\bar{x} = 2.125$, $s^2 = 0.000\,29$, $s = 0.017$.

(1) μ 的置信区间为 $\left(\bar{x} - u_{0.05}\dfrac{\sigma}{\sqrt{n}}, \bar{x} + u_{0.05}\dfrac{\sigma}{\sqrt{n}}\right)$,其中

$$\bar{x} = 2.125,\quad u_{0.05} = 1.645,\quad \sigma = 0.01,\quad n = 16,$$

故 μ 的置信区间为 $(2.121, 2.129)$.

(2) μ 的置信区间为 $\left(\bar{x} - t_{0.05}(15)\dfrac{s}{\sqrt{n}}, \bar{x} + t_{0.05}(15)\dfrac{s}{\sqrt{n}}\right)$,其中 $t_{0.05}(15) = 1.753\,1$,故 μ 的置信区间为 $(2.117\,5, 2.132\,5)$.

27. 生产一个零件所需时间(单位:s) $X \sim N(\mu, \sigma^2)$,观察 25 个零件的生产时间得 $\bar{x} = 5.5, s = 1.73$,试以 0.95 的可靠性求 μ 和 σ^2 的置信区间.

解　μ 的置信区间为 $\left(\bar{x} - t_{0.025}(24)\dfrac{s}{\sqrt{n}}, \bar{x} + t_{0.025}(24)\dfrac{s}{\sqrt{n}}\right)$,其中

$$\bar{x} = 5.5,\quad t_{0.025}(24) = 2.063\,9,\quad s = 1.73, n = 25,$$

所以 μ 的置信水平为 0.95 的置信区间为

$$\left(5.5 - 2.063\,9 \times \frac{1.73}{5}, 5.5 + 2.063\,9 \times \frac{1.73}{5}\right) = (4.785\,9, 6.214\,1),$$

σ^2 的置信区间为

$$\left(\frac{(n-1)s^2}{\chi^2_{\alpha/2}(n-1)}, \frac{(n-1)s^2}{\chi^2_{1-\alpha/2}(n-1)}\right),$$

其中

$$s^2 = 2.992\,9, \chi^2_{0.025}(24) = 39.364, \chi^2_{0.975}(24) = 12.401,$$

所以 σ^2 的置信水平为 0.95 的置信区间为

$$\left(\frac{24 \times 2.992\,9}{39.364}, \frac{24 \times 2.992\,9}{12.401}\right) = (1.824\,8, 5.792\,2).$$

28. 零件的尺寸与规定尺寸的偏差 $X \sim N(\mu, \sigma^2)$,今测得 10 个零件,得偏差值(单位:μm) 2,1,-2,3,2,4,-2,5,3,4. 试求 μ 和 σ^2 的无偏估计值及置信水平为 0.90 的置信区间.

解　μ 的无偏估计值为 $\bar{x} = \dfrac{1}{10}\sum\limits_{i=1}^{10} x_i = 2$, σ^2 的无偏估计值为 $s^2 = \dfrac{1}{9}\left(\sum\limits_{i=1}^{10} x_i^2 - 10 \times 4\right) = 5.778$.

μ 的置信区间为

$$\left(\bar{x}-t_{0.05}(9)\frac{s}{\sqrt{10}},\bar{x}+t_{0.05}(9)\frac{s}{\sqrt{10}}\right),$$

其中

$$s=2.404, t_{0.05}(9)=1.8331, \sqrt{10}=3.1623,$$

所以 μ 的置信水平为 0.90 的置信区间为

$$\left(2-1.8331\times\frac{2.404}{3.1623}, 2+1.8331\times\frac{2.404}{3.1623}\right)=(0.6065, 3.3935).$$

σ^2 的置信区间为

$$\left(\frac{(n-1)s^2}{\chi_{\frac{\alpha}{2}}^2(n-1)}, \frac{(n-1)s^2}{\chi_{1-\frac{\alpha}{2}}^2(n-1)}\right),$$

其中

$$\chi_{0.05}^2(9)=16.919, \quad \chi_{0.95}^2(9)=3.325.$$

所以 σ^2 的置信水平为 0.90 的置信区间为

$$\left(\frac{52.002}{16.919}, \frac{52.002}{3.325}\right)=(3.074, 15.640).$$

29. 对某农作物的两个品种计算了 8 个地区的单位面积产量如下：

品种 A：86,87,56,93,84,93,75,79；

品种 B：80,79,58,91,77,82,74,66.

假定两个品种的单位面积产量分别服从正态分布,且方差相等. 试求平均单位面积产量之差的置信水平为 0.95 的置信区间.

解 此题是在 $\sigma_1^2=\sigma_2^2$ 的条件下求 $\mu_1-\mu_2$ 的置信区间. $\mu_1-\mu_2$ 的置信区间为

$$\left(\bar{x}-\bar{y}-t_{\alpha/2}(n_1+n_2-2)s_w\sqrt{\frac{1}{n_1}+\frac{1}{n_2}}, \quad \bar{x}-\bar{y}+t_{\alpha/2}(n_1+n_2-2)s_w\sqrt{\frac{1}{n_1}+\frac{1}{n_2}}\right),$$

其中

$$\bar{x}=\frac{1}{8}\sum_{i=1}^{8}x_i=81.625, s_1^2=\frac{1}{7}\left(\sum_{i=1}^{8}x_i^2-8\times81.625^2\right)=145.70,$$

$$\bar{y}=\frac{1}{8}\sum_{i=1}^{8}y_i=75.875, s_2^2=\frac{1}{7}\left(\sum_{i=1}^{8}y_i^2-8\times75.875^2\right)=102.13,$$

$$s_w=\sqrt{\frac{(8-1)\times145.70+(8-1)\times102.13}{14}}=11.134, \sqrt{\frac{1}{n_1}+\frac{1}{n_2}}=\frac{1}{2},$$

$$\alpha=0.05, \quad t_{0.025}(14)=2.1448,$$

所以 $\mu_1-\mu_2$ 的置信水平为 0.95 的置信区间为

$$\left(81.625-75.875-2.1448\times11.134\times\frac{1}{2}, 81.625-75.875+2.1448\times11.134\times\frac{1}{2}\right)$$

$$=(-6.190, 17.690).$$

30. 设 A 和 B 两批导线是用不同工艺生产的,今随机地从每批导线中抽取 5 根测量其电阻,算得 $s_1^2=s_A^2=1.07\times10^{-7}, s_2^2=s_B^2=5.3\times10^{-6}$. 若 A 批导线的电阻服从正态分布 $N(\mu_1,\sigma_1^2)$,B 批导线

的电阻服从正态分布 $N(\mu_2, \sigma_2^2)$，求 $\dfrac{\sigma_1^2}{\sigma_2^2}$ 的置信水平为 0.90 的置信区间.

解 $\dfrac{\sigma_1^2}{\sigma_2^2}$ 的置信区间为

$$\left(\frac{\dfrac{s_1^2}{s_2^2}}{F_{\frac{\alpha}{2}}(n_1-1, n_2-1)}, \frac{\dfrac{s_1^2}{s_2^2}}{F_{1-\frac{\alpha}{2}}(n_1-1, n_2-1)} \right),$$

其中

$$s_1^2 = 1.07 \times 10^{-7}, s_2^2 = 5.3 \times 10^{-6}, \alpha = 0.10, F_{0.05}(4,4) = 6.39,$$

$$F_{0.95}(4,4) = \frac{1}{F_{0.05}(4,4)} = 0.1565,$$

所以 $\dfrac{\sigma_1^2}{\sigma_2^2}$ 的置信水平为 0.90 的置信区间为

$$\left(\frac{\dfrac{1.07}{53}}{6.39}, \frac{\dfrac{1.07}{53}}{0.1565} \right) = (0.0032, 0.1290).$$

31. 两台机床加工同一种零件，分别抽取 6 个和 9 个零件测其长度，算得 $s_1^2 = 0.245, s_2^2 = 0.375$. 假定各台机床的零件长度服从正态分布，试求两个总体方差比 $\dfrac{\sigma_1^2}{\sigma_2^2}$ 的置信区间（置信水平为 0.95）.

解 $\dfrac{\sigma_1^2}{\sigma_2^2}$ 的置信区间为

$$\left(\frac{\dfrac{s_1^2}{s_2^2}}{F_{\frac{\alpha}{2}}(n_1-1, n_2-1)}, \frac{\dfrac{s_1^2}{s_2^2}}{F_{1-\frac{\alpha}{2}}(n_1-1, n_2-1)} \right),$$

其中

$$s_1^2 = 0.245, s_2^2 = 0.375, n_1 = 6, n_2 = 9, F_{0.025}(5,8) = 4.82,$$

$$F_{0.975}(5,8) = \frac{1}{F_{0.025}(8,5)} = \frac{1}{6.76} = 0.1479,$$

所以 $\dfrac{\sigma_1^2}{\sigma_2^2}$ 的置信区间为

$$\left(\frac{\dfrac{0.245}{0.375}}{4.82}, \frac{\dfrac{0.245}{0.375}}{0.1479} \right) = (0.1355, 4.4174).$$

32. 设 $X_1, X_2, \cdots, X_n$ 是来自参数为 λ 的指数分布总体的样本，试求 λ 的置信水平为 $1-\alpha$ 的置信区间.

解 由习题 6 的第 7 题知 $2\lambda \sum\limits_{i=1}^{n} X_i \sim \chi^2(2n)$.

对于给定的 α，查 χ^2 分布表，求出临界值 $\chi^2_{\frac{\alpha}{2}}(2n)$ 和 $\chi^2_{1-\frac{\alpha}{2}}(2n)$ 使

$$P\left(\chi^2_{1-\frac{\alpha}{2}}(2n) < 2\lambda \sum_{i=1}^{n} X_i < \chi^2_{\frac{\alpha}{2}}(2n) \right) = 1-\alpha,$$

解出 λ 得

$$P\left(\frac{\chi^2_{1-\frac{\alpha}{2}}(2n)}{2\sum_{i=1}^{n}X_i}<\lambda<\frac{\chi^2_{\frac{\alpha}{2}}(2n)}{2\sum_{i=1}^{n}X_i}\right)=1-\alpha,$$

即 λ 的置信水平为 $1-\alpha$ 的置信区间为

$$\left(\frac{\chi^2_{1-\frac{\alpha}{2}}(2n)}{2n\overline{X}},\ \frac{\chi^2_{\frac{\alpha}{2}}(2n)}{2n\overline{X}}\right).$$

33. 设总体 X 服从区间 $[0,\theta]$ 上的均匀分布 ($\theta>0$),$X_1,X_2,\cdots,X_n$ 为来自 X 的样本. $X_{(n)}=\max\{X_1,X_2,\cdots,X_n\}$,试利用 $\dfrac{X_{(n)}}{\theta}$ 的分布导出未知参数 θ 的置信水平为 $1-\alpha$ 的置信区间.

解 X 的分布函数为

$$F_X(x)=\begin{cases}0, & x<0,\\ \dfrac{x}{\theta}, & 0\leq x\leq\theta,\\ 1, & x>\theta,\end{cases}$$

$X_{(n)}$ 的分布函数为

$$F_{X_{(n)}}(t)=[F_X(t)]^n=\begin{cases}0, & t<0,\\ \dfrac{t^n}{\theta^n}, & 0\leq t\leq\theta,\\ 1, & t>\theta,\end{cases}$$

$Z=\dfrac{X_{(n)}}{\theta}$ 的分布函数为

$$F_Z(z)=P(Z\leq z)=P\left(\frac{X_{(n)}}{\theta}\leq z\right)=P(X_{(n)}\leq\theta z)$$

$$=F_{X_{(n)}}(\theta z)=\begin{cases}0, & z<0,\\ z^n, & 0\leq z\leq 1,\\ 1, & z>1.\end{cases}$$

对于给定的 α,令

$$P\left(t<\frac{X_{(n)}}{\theta}\leq 1\right)=1-\alpha,$$

即

$$F_Z(1)-F_Z(t)=1-\alpha,$$

由 Z 的分布函数的表达式有

$$1-t^n=1-\alpha,$$

从而得

$$t=\sqrt[n]{\alpha},$$

即

$$P\left(\sqrt[n]{\alpha}<\frac{X_{(n)}}{\theta}<1\right)=1-\alpha,$$

于是
$$P\left(X_{(n)} < \theta < \frac{X_{(n)}}{\sqrt[n]{\alpha}}\right) = 1-\alpha,$$

所以 θ 的置信水平为 $1-\alpha$ 的置信区间为
$$\left(X_{(n)}, \frac{X_{(n)}}{\sqrt[n]{\alpha}}\right).$$

34. 设 $0.50, 1.25, 0.80, 2.00$ 是来自总体 X 的一个样本值,已知 $Y=\ln X$ 服从正态分布 $N(\mu,1)$.
（1）求 X 的数学期望 $E(X)$（记为 b）;
（2）求 μ 的置信水平为 0.95 的置信区间;
（3）利用上述结果求 b 的置信水平为 0.95 的置信区间.

解 （1） $\quad X = e^Y, E(X) = E(e^Y) = \int_{-\infty}^{+\infty} e^y \frac{1}{\sqrt{2\pi}} e^{-\frac{(y-\mu)^2}{2}} dy$

$\xrightarrow{\diamondsuit t=y-\mu} \frac{1}{\sqrt{2\pi}} \int_{-\infty}^{+\infty} e^{t+\mu} e^{-\frac{t^2}{2}} dt = e^{\mu+\frac{1}{2}} \int_{-\infty}^{+\infty} \frac{1}{\sqrt{2\pi}} e^{-\frac{(t-1)^2}{2}} dt = e^{\mu+\frac{1}{2}};$

（2）μ 的置信区间为
$$\left(\bar{y} - u_{\frac{\alpha}{2}} \frac{1}{\sqrt{n}}, \quad \bar{y} + u_{\frac{\alpha}{2}} \frac{1}{\sqrt{n}}\right),$$

其中
$$\bar{y} = \frac{1}{4}[\ln(0.50) + \ln(1.25) + \ln(0.8) + \ln(2.00)] = \frac{1}{4}\ln 1 = 0,$$
$$\alpha = 0.05, \quad u_{0.025} = 1.96, \quad n = 4,$$

所以 μ 的置信区间为 $(-0.98, 0.98)$;

（3）由 e^x 的严格单调性及（2）,有
$$0.95 = P(\bar{y} - 0.98 < \mu < \bar{y} + 0.98) = P\left(\bar{y} - 0.48 < \mu + \frac{1}{2} < \bar{y} + 1.48\right)$$
$$= P(e^{\bar{y}-0.48} < e^{\mu+\frac{1}{2}} < e^{\bar{y}+1.48}).$$

注意到 $\bar{y} = 0$,知 $b = e^{\mu+\frac{1}{2}}$ 的置信水平为 0.95 的置信区间为 $(e^{-0.48}, e^{1.48})$.

35. 从一台机床加工的轴中随机取 200 根,测量其椭圆度.由测量值（单位:mm）计算得平均值 $\bar{x} = 0.081$,标准差 $s = 0.025$.求此机床加工的轴的平均椭圆度的置信水平为 0.95 的置信区间.

解 因为总体不是正态的,所以该题是大样本区间估计,设平均椭圆度为 μ,由中心极限定理, $\frac{n\bar{X} - n\mu}{\sqrt{n}S}$ 近似服从正态分布 $N(0,1)$,对于给定的 α,查标准正态分布函数值表,求出临界值 $u_{\frac{\alpha}{2}}$ 使
$$1-\alpha = P\left(-u_{\frac{\alpha}{2}} < \frac{n\bar{X} - n\mu}{\sqrt{n}S} < u_{\frac{\alpha}{2}}\right) = P\left(\bar{X} - u_{\frac{\alpha}{2}} \frac{S}{\sqrt{n}} < \mu < \bar{X} + u_{\frac{\alpha}{2}} \frac{S}{\sqrt{n}}\right).$$

由 $\bar{x} = 0.081, s = 0.025, \alpha = 0.05$,可知 μ 的置信区间为
$$\left(\bar{x} - u_{\frac{\alpha}{2}} \frac{s}{\sqrt{n}}, \bar{x} + u_{\frac{\alpha}{2}} \frac{s}{\sqrt{n}}\right) = \left(0.081 - 1.96 \times \frac{0.025}{10\sqrt{2}}, 0.081 + 1.96 \times \frac{0.025}{10\sqrt{2}}\right)$$
$$= (0.0775, 0.0845).$$

36. 在一批货物的容量为 100 的样本中,经检验发现 16 个次品,试求这批货物的次品率的置信区间(置信水平近似为 0.95).

解 设次品率为 p,n 件产品中的次品数为 X,p 的置信区间为 $(\hat{p}_1,\hat{p}_2)$,其中

$$\hat{p}_1 = \frac{1}{2a}(-b-\sqrt{b^2-4ac}),$$

$$\hat{p}_2 = \frac{1}{2a}(-b+\sqrt{b^2-4ac}),$$

$$a = n+u_{\frac{\alpha}{2}}^2, \quad b = -(2n\overline{X}+u_{\frac{\alpha}{2}}^2), \quad c = n\overline{X}^2.$$

本题中

$$n=100, \quad \overline{x}=\frac{16}{100}=0.16, \quad \alpha=0.05, \quad u_{0.025}=1.96,$$

$$a=103.84, \quad b=-35.84, \quad c=2.56,$$

于是 p 的置信水平近似为 0.95 的置信区间为 $(0.101, 0.244)$.

37. 设 $X_1,X_2,\cdots,X_n$ 为来自参数为 λ 的泊松分布的样本. 试求 λ 的置信水平近似为 0.95 的置信区间.

解 由中心极限定理知 $\dfrac{\sum_{i=1}^{n}X_i-n\lambda}{\sqrt{n\lambda}}$ 近似服从正态分布 $N(0,1)$. 对于给定的 α,查标准正态分布函数值表求出临界值 $u_{\frac{\alpha}{2}}$ 使

$$P\left(\left|\frac{\sum_{i=1}^{n}X_i-n\lambda}{\sqrt{n\lambda}}\right|<u_{\frac{\alpha}{2}}\right)\approx 1-\alpha.$$

将括号内的不等式进行等价变换

$$\left|\frac{\sum_{i=1}^{n}X_i-n\lambda}{\sqrt{n\lambda}}\right|<u_{\frac{\alpha}{2}}$$

$$\Leftrightarrow \left(\frac{\overline{X}-\lambda}{\sqrt{\lambda}}\sqrt{n}\right)^2<u_{\frac{\alpha}{2}}^2$$

$$\Leftrightarrow n\overline{X}^2-2\lambda n\overline{X}+n\lambda^2-\lambda u_{\frac{\alpha}{2}}^2<0$$

$$\Leftrightarrow n\lambda^2-(2n\overline{X}+u_{\frac{\alpha}{2}}^2)\lambda+n\overline{X}^2<0$$

$$\Leftrightarrow \overline{X}+\frac{u_{\frac{\alpha}{2}}^2}{2n}-\sqrt{\frac{\overline{X}u_{\frac{\alpha}{2}}^2}{n}+\frac{u_{\frac{\alpha}{2}}^4}{4n^2}}<\lambda<\overline{X}+\frac{u_{\frac{\alpha}{2}}^2}{2n}+\sqrt{\frac{\overline{X}u_{\frac{\alpha}{2}}^2}{n}+\frac{u_{\frac{\alpha}{2}}^4}{4n^2}},$$

所以 λ 的置信水平近似为 0.95 的置信区间为

$$\left(\overline{X}+\frac{k^2}{2n}-\sqrt{\frac{k^2\overline{X}}{n}+\frac{k^4}{4n^2}},\overline{X}+\frac{k^2}{2n}+\sqrt{\frac{k^2\overline{X}}{n}+\frac{k^4}{4n^2}}\right),$$

其中 $k=1.96$.

第8章 假设检验

习题 8

1. 设 $X_1, X_2, \cdots, X_n$ 是从总体 X 中抽出的样本. 假设 X 服从参数为 λ 的指数分布,λ 未知,给定 $\lambda_0 > 0$ 和显著性水平 $\alpha(0 < \alpha < 1)$. 试求假设 $H_0 : \lambda \geq \lambda_0$ 的 χ^2 检验统计量及拒绝域.

解 $H_0 : \lambda \geq \lambda_0$. 选统计量
$$\chi^2 = 2\lambda_0 \sum_{i=1}^n X_i = 2\lambda_0 n \bar{X}.$$

记
$$\tilde{\chi}^2 = 2\lambda \sum_{i=1}^n X_i,$$

则 $\tilde{\chi}^2 \sim \chi^2(2n)$. 对于给定的显著性水平 α, 查 χ^2 分布表求出临界值 $\chi_\alpha^2(2n)$, 使
$$P(\tilde{\chi}^2 \geq \chi_\alpha^2(2n)) = \alpha.$$

因 $\tilde{\chi}^2 \geq \chi^2$, 所以 $\{\tilde{\chi}^2 \geq \chi_\alpha^2(2n)\} \supset \{\chi^2 \geq \chi_\alpha^2(2n)\}$, 从而
$$\alpha = P(\tilde{\chi}^2 \geq \chi_\alpha^2(2n)) \geq P(\chi^2 \geq \chi_\alpha^2(2n)),$$

可见 $H_0 : \lambda \geq \lambda_0$ 的拒绝域为 $\chi^2 \geq \chi_\alpha^2(2n)$.

2. 某种零件的尺寸方差 $\sigma^2 = 1.21$,对一批这类零件检查 6 件,得尺寸数据(单位:mm):32.56,29.66,31.64,30.00,21.87,31.03. 设零件尺寸服从正态分布,问这批零件的平均尺寸能否认为是 32.50 mm($\alpha = 0.05$)?

解 问题是在 σ^2 已知的条件下检验假设 $H_0 : \mu = 32.50$. 选统计量
$$u = \frac{\bar{x} - 32.50}{\sigma} \sqrt{n},$$

H_0 的拒绝域为 $|u| \geq u_{\frac{\alpha}{2}}$, 其中
$$u = \frac{\bar{x} - 32.50}{\sigma} \sqrt{n} = \frac{29.46 - 32.50}{1.1} \times 2.45 = -6.77,$$

$u_{0.025} = 1.96$, 因 $|u| = 6.77 > 1.96$, 所以拒绝 H_0, 即不能认为这批零件的平均尺寸是 32.50 mm.

3. 设某产品的指标服从正态分布,它的标准差为 $\sigma = 100$,今抽取了一个容量为 26 的样本,计算得均值为 1 580. 问在显著性水平 $\alpha = 0.05$ 下,能否认为这批产品的指标的数学期望值 μ 不低于 1 600?

解 问题是在 σ^2 已知的条件下检验假设 $H_0 : \mu \geq 1\ 600$. H_0 的拒绝域为 $u < -u_\alpha$, 其中

$$u = \frac{\bar{x}-1\,600}{100}\sqrt{26} = \frac{1\,580-1\,600}{100}\times 5.1 = -1.02,$$
$$-u_{0.05} = -1.64.$$

因为 $u = -1.02 > -1.64 = -u_{0.05}$,所以接受 H_0,即可以认为这批产品的指标的数学期望值 μ 不低于 $1\,600$。

4. 一种元件,要求其使用寿命不得低于 $1\,000$ h。现在从一批这种元件中任取 25 件,测得其寿命均值为 950 h。已知该种元件寿命服从标准差 $\sigma = 100$ h 的正态分布,问这批元件是否合格 ($\alpha = 0.05$)?

解 设元件寿命为 X,则 $X \sim N(\mu, 100^2)$,问题是检验假设 $H_0: \mu \geq 1\,000$。H_0 的拒绝域为 $u \leq -u_{0.05}$,其中

$$u = \frac{\bar{x}-1\,000}{\sigma}\sqrt{25} = \frac{950-1\,000}{100}\times 5 = -2.5,$$
$$u_{0.05} = 1.64.$$

因为
$$u = -2.5 < -1.64 = -u_{0.05},$$

所以拒绝 H_0,即认为这批元件不合格。

5. 某批矿砂的 5 个样品中镍的含量(单位:%)经测定为
$$3.25, 3.27, 3.24, 3.26, 3.24,$$
设测定值服从正态分布,问能否认为这批矿砂的镍的含量为 3.25% ($\alpha = 0.01$)?

解 问题是在 σ^2 未知的条件下检验假设 $H_0: \mu = 3.25$。H_0 的拒绝域为 $|t| > t_{\frac{\alpha}{2}}(4)$,其中

$$t = \frac{\bar{x}-3.25}{s}\sqrt{5},$$
$$\bar{x} = 3.252, \quad s^2 = \frac{1}{4}\left(\sum_{i=1}^{5} x_i^2 - 5\bar{x}^2\right) = 0.000\,17, \quad s = 0.013,$$
$$t_{0.005}(4) = 4.604\,1,$$
$$t = \frac{\bar{x}-3.25}{s}\sqrt{5} = \frac{3.252-3.25}{0.013}\times 2.24 = 0.345.$$

因为
$$|t| = 0.345 < 4.604\,1 = t_{0.005}(4),$$

所以接受 H_0,即可以认为这批矿砂的镍的含量为 3.25%。

6. 糖厂用自动打包机打包。每包标准质量为 100 kg。每天开工后需要检验一次打包机工作是否正常。某日开工后测得 9 包的质量(单位:kg)如下:
$$99.3, 98.7, 100.5, 101.2, 98.3, 99.7, 99.5, 102.1, 100.5.$$
问该日打包机工作是否正常($\alpha = 0.05$,已知每包的质量服从正态分布)?

解 $\bar{x} = 99.98, \quad s^2 = \frac{1}{8}\sum_{i=1}^{9}(x_i-\bar{x})^2 = 1.47, \quad s = 1.21.$

问题是检验假设 $H_0: \mu = 100$。H_0 的拒绝域为 $|t| \geq t_{\alpha/2}(8)$,其中
$$t = \frac{\bar{x}-100}{s}\sqrt{9} = \frac{99.98-100}{1.21}\times 3 = -0.05,$$

$$t_{0.025}(8) = 2.306.$$

因为
$$|t| = 0.05 < 2.306 = t_{0.025}(8),$$

所以接受 H_0，即认为该日打包机工作正常.

7. 按照规定，每 100 g 的罐头番茄汁，维生素 C 的含量不得少于 21 mg，现从某厂生产的一批罐头中抽取 17 个，测得维生素 C 的含量(单位:mg)如下：
16,22,21,20,23,21,19,15,13,
23,17,20,29,18,22,16,25.

已知每 100 g 的罐头番茄汁的维生素 C 的含量服从正态分布，试检验这批罐头番茄汁的维生素 C 的含量是否合格($\alpha = 0.025$).

解 设 X 为每 100 g 的罐头番茄汁的维生素 C 的含量，则 $X \sim N(\mu, \sigma^2)$, $\bar{x} = 20$, $s^2 = 15.875$, $s = 3.984$, $n = 17$. 问题是检验假设 $H_0: \mu \geq 21$.

选择统计量 t 并计算其值：
$$t = \frac{\bar{x} - 21}{s}\sqrt{n} = \frac{20 - 21}{3.984}\sqrt{17} = -1.035.$$

对于给定的 $\alpha = 0.025$，查 t 分布表求出临界值 $t_\alpha(n-1) = t_{0.025}(16) = 2.1199$.

因为 $-t_{0.025}(16) = -2.1199 < -1.035 = t$，所以接受 H_0，即认为每 100 g 这批罐头番茄汁的维生素 C 的含量合格.

8. 某种合金弦的抗拉强度 $X \sim N(\mu, \sigma^2)$，由过去的经验有 $\mu \leq 10\ 560$，今用新工艺生产了一批合金弦，随机取 10 根作抗拉试验，测得数据如下：
10 512,10 632,10 668,10 554,10 776,
10 707,10 557,10 581,10 666,10 670.

问这批合金弦的抗拉强度是否提高了($\alpha = 0.05$)？

解 $\bar{x} = 10\ 632.3$, $s^2 = 6\ 551.79$, $s = 80.94$, $n = 10$. 问题是检验假设 $H_0: \mu \leq 10\ 560$.

选统计量并计算其值
$$t = \frac{\bar{x} - 10\ 560}{s}\sqrt{n} = \frac{10\ 632.3 - 10\ 560}{80.94}\sqrt{10} = 2.825.$$

对于 $\alpha = 0.05$，查 t 分布表，得临界值 $t_\alpha(9) = t_{0.05}(9) = 1.8331$. 因 $t_{0.05}(9) = 1.8331 < 2.825 = t$，故拒绝 H_0，即认为抗拉强度提高了.

9. 从一批轴料中取 15 件测量其椭圆度，计算得 $s = 0.025$，问该批轴料的椭圆度的总体方差与规定的 $\sigma_0^2 = 0.000\ 4$ 有无显著差异($\alpha = 0.05$，椭圆度服从正态分布)？

解 $s = 0.025$, $s^2 = 0.000\ 625$, $n = 15$，问题是检验假设 $H_0: \sigma^2 = 0.000\ 4$.

选统计量 χ^2，并计算其值
$$\chi^2 = \frac{(n-1)s^2}{\sigma_0^2} = \frac{14 \times 0.000\ 625}{0.000\ 4} = 21.875.$$

对于给定的 $\alpha = 0.05$，查 χ^2 分布表得临界值
$$\chi^2_{\frac{\alpha}{2}}(14) = \chi^2_{0.025}(14) = 26.119, \chi^2_{1-\frac{\alpha}{2}}(14) = \chi^2_{0.975}(14) = 5.629.$$

因为 $\chi^2_{0.975}(14) = 5.629 < 21.875 = \chi^2 < \chi^2_{0.025}(14) = 26.119$，所以接受 H_0，即认为总体方差与规定的 $\sigma_0^2 = 0.0004$ 无显著差异.

10. 从一批保险丝中抽取 10 根试验其熔化时间，结果为
$$42, 65, 75, 78, 71, 59, 57, 68, 54, 55,$$
问是否可认为这批保险丝的熔化时间的方差 $\sigma^2 \leqslant 80$（$\alpha = 0.05$，熔化时间服从正态分布）？

解 $\bar{x} = 62.4, s^2 = 121.82, \quad n = 10$，问题是检验假设 $H_0: \sigma^2 \leqslant 80$.

选统计量 χ^2，并计算其值
$$\chi^2 = \frac{(n-1)s^2}{\sigma_0^2} = \frac{9 \times 121.82}{80} = 13.705.$$

对于给定的 $\alpha = 0.05$，查 χ^2 分布表得临界值
$$\chi^2_\alpha(n-1) = \chi^2_{0.05}(9) = 16.919.$$
由于 $\chi^2 = 13.705 < 16.919 = \chi^2_{0.05}(9)$，故接受 H_0，即可以认为方差不大于 80.

11. 对两种羊毛织品的强度进行试验，所得结果如下：

第一种：138,127,134,125；

第二种：134,137,135,140,130,134.

问是否其中一种羊毛织品的强度较另一种好（$\alpha = 0.05$，设这两种羊毛织品的强度都服从方差相同的正态分布）？

解 设第一、二种羊毛织品的强度分别为 X 和 Y，则 $X \sim N(\mu_1, \sigma^2), Y \sim N(\mu_2, \sigma^2)$.
$$\bar{x} = 131, \quad s_1^2 = 36.667, \quad n_1 = 4;$$
$$\bar{y} = 135, \quad s_2^2 = 11.2, \quad n_2 = 6.$$

问题是检验假设 $H_0: \mu_1 = \mu_2$.

选统计量 t，并计算其值
$$t = \frac{\bar{x} - \bar{y}}{\sqrt{\frac{(n_1-1)s_1^2 + (n_2-1)s_2^2}{n_1+n_2-2}}} \sqrt{\frac{n_1 n_2}{n_1+n_2}} = \frac{131-135}{\sqrt{\frac{3 \times 36.667 + 5 \times 11.2}{4+6-2}}} \cdot \sqrt{\frac{4 \times 6}{4+6}}$$
$$= -1.360.$$

对于给定的 $\alpha = 0.05$，查 t 分布表得临界值 $t_{\frac{\alpha}{2}}(n_1+n_2-2) = t_{0.025}(8) = 2.306$. 因为 $|t| = 1.360 < 2.306 = t_{0.025}(8)$，所以接受原假设，即不能认为其中一种羊毛织品的强度较另一种好.

12. 在 20 块条件相同的土地上，同时试种新、旧两种品种的作物各 10 块，其产量（单位：kg）分别为

旧品种：78.1,72.4,76.2,74.3,77.4,78.4,76.0,75.5,76.7,77.3；

新品种：79.1,81.0,77.3,79.1,80.0,79.1,79.1,77.3,80.2,82.1.

设这两个样本相互独立，并都来自正态总体（方差相等），问新品种的产量是否高于旧品种（$\alpha = 0.01$）？

解 设 X 为新品种的产量，Y 为旧品种的产量；$X \sim N(\mu_1, \sigma^2), Y \sim N(\mu_2, \sigma^2)$，问题是检验假设 $H_0: \mu_1 \geqslant \mu_2$.

$$\bar{x} = 79.43, \quad s_1^2 = 2.2246, \quad n_1 = 10;$$
$$\bar{y} = 76.23, \quad s_2^2 = 3.3246, \quad n_2 = 10.$$

选统计量 t,并计算其值

$$t = \frac{\bar{x}-\bar{y}}{\sqrt{(n_1-1)s_1^2+(n_2-1)s_2^2}} \sqrt{\frac{n_1 n_2(n_1+n_2-2)}{n_1+n_2}}$$

$$= \frac{79.43-76.23}{\sqrt{(2.2246+3.3246)\times 9}} \sqrt{\frac{1\ 800}{20}} = 4.295\ 7.$$

对给定的 $\alpha = 0.01$,查 t 分布表得临界值 $t_\alpha(18) = t_{0.01}(18) = 2.552\ 4$. 因为 $t = 4.295\ 7 > -2.552\ 4 = -t_{0.01}(18)$,故接受 H_0,即认为新品种的产量高于旧品种的产量.

13. 两台机床加工同一种零件,分别取 6 个和 9 个零件,测量其长度得 $s_1^2 = 0.345, s_2^2 = 0.357$, 假定零件的长度服从正态分布,问是否可认为两台机床加工的零件的长度的方差无显著差异 ($\alpha = 0.05$)?

解
$$s_1^2 = 0.345, \quad n_1 = 6;$$
$$s_2^2 = 0.357, \quad n_2 = 9.$$

问题是检验假设

$$H_0: \sigma_1^2 = \sigma_2^2.$$

选统计量 F,并计算其值

$$F = \frac{s_1^2}{s_2^2} = \frac{0.345}{0.357} = 0.966\ 4.$$

对给定的 $\alpha = 0.05$,查 F 分布表得临界值 $F_{\frac{\alpha}{2}}(5,8) = F_{0.025}(5,8) = 4.82$, $F_{0.975}(5,8) = \frac{1}{6.76} = 0.147\ 9$. 因为 $F_{0.975}(5,8) = 0.147\ 9 < 0.966\ 4 = F < 4.82 = F_{0.025}(5,8)$,故接受 H_0,即认为方差无显著差异.

14. 一骰子被掷了 120 次,所得结果如下所示:

点数	1	2	3	4	5	6
出现次数	23	26	21	20	15	15

问骰子是否匀称($\alpha = 0.05$)?

解 用 X 表示掷一次骰子出现的点数,其可能值为 $1,2,3,4,5,6$. 问题是检验假设

$$H_0: p_i = P(X=i) = \frac{1}{6}, \quad i = 1,2,\cdots,6.$$

这里 $k = 6, p_{i0} = \frac{1}{6}, n = 120, np_{i0} = 20, A_i = \{i\}$,故

$$\chi^2 = \sum_{i=1}^{k} \frac{(n_i - np_{i0})^2}{np_{i0}} = \sum_{i=1}^{6} \frac{(n_i - 20)^2}{20} = \frac{96}{20} = 4.8.$$

查 χ^2 分布表,得临界值 $\chi_\alpha^2(k-1) = \chi_{0.05}^2(5) = 11.071$. 因为 $\chi^2 = 4.8 < 11.071 = \chi_{0.05}^2(5)$,故接受 H_0,即认为骰子匀称.

15. 从一批滚珠中随机抽取了 50 个,测得它们的直径(单位:mm)为

| 15.0, | 15.8, | 15.2, | 15.1, | 15.9, | 14.7, | 14.8, | 15.5 |

15.0, 15.8, 15.2, 15.1, 15.9, 14.7, 14.8, 15.5
15.6, 15.3, 15.1, 15.3, 15.0, 15.6, 15.7, 14.8
14.5, 14.2, 14.9, 14.9, 15.2, 15.0, 15.3, 15.6
15.1, 14.9, 14.2, 14.6, 15.8, 15.2, 15.9, 15.2
15.0, 14.9, 14.8, 14.5, 15.1, 15.5, 15.5, 15.1
15.1, 15.0, 15.3, 14.7, 14.5, 15.5, 15.0, 14.7
14.6, 14.2,

是否可认为这批滚珠的直径服从正态分布($\alpha=0.05$)?

解 数据中最小的为 14.2,最大者为 15.9. 设 $a=14.05, b=16.15$, 欲把 $[a,b]$ 分成七个(相等的)区间,则区间长度(组距)为 $\frac{16.15-14.05}{7}=0.3$, 得分点 $y_1=14.35, y_2=14.65, y_3=14.95, y_4=15.25, y_5=15.55, y_6=15.85$. 它们把实数轴分成七个不相交的区间,样本值分成了七组如下:

i	$(y_{i-1}, y_i]$	n_i
1	$(-\infty, 14.35]$	3
2	$(14.35, 14.65]$	5
3	$(14.65, 14.95]$	10
4	$(14.95, 15.25]$	16
5	$(15.25, 15.55]$	8
6	$(15.55, 15.85]$	6
7	$(15.85, +\infty]$	2

设滚珠的直径为 X, 其分布函数为 $F(x)$, 我们的问题是检验假设 $H_0: F(x)=\Phi\left(\frac{x-\mu}{\sigma}\right)$, 其中 μ, σ^2 未知.

在 H_0 成立之下, μ 和 σ^2 的最大似然估计值分别为 $\hat{\mu}=\bar{x}=15.1, \hat{\sigma}^2=\frac{1}{n}\sum_{i=1}^{n}(x_i-\bar{x})^2=0.1838$, $\hat{\sigma}=0.43$.

第 1 组和第 7 组的频数过小,把它们并入相邻的组内,即分成 5 组,分点为 $t_1=14.65, t_2=14.95, t_3=15.25, t_4=15.55$.

$$\hat{p}_1 = F(t_1) = \Phi\left(\frac{14.65-15.1}{0.43}\right) = 1-\Phi(1.04) = 0.1492,$$

$$\hat{p}_2 = F(t_2)-F(t_1) = \Phi\left(\frac{14.95-15.1}{0.43}\right) - 0.1492$$
$$= 1-\Phi(0.35)-0.1492 = 0.2140,$$

$$\hat{p}_3 = F(t_3)-F(t_2) = \Phi\left(\frac{15.25-15.1}{0.43}\right) - 0.3632$$
$$= \Phi(0.35)-0.3632 = 0.2736,$$

$$\hat{p}_4 = F(t_4) - F(t_3) = \Phi\left(\frac{15.55-15.1}{0.43}\right) - 0.636\,8$$
$$= \Phi(1.04) - 0.636\,8 = 0.214\,0,$$
$$\hat{p}_5 = 1 - F(t_4) = 1 - \Phi\left(\frac{15.55-15.1}{0.43}\right) = 0.149\,2.$$

统计量

$$\chi^2 = \sum_{i=1}^{5} \frac{(n_i - n\hat{p}_i)^2}{n\hat{p}_i} \sim \chi^2(2)$$

的值的计算如下:

i	n_i	$\hat{p}_i$	$n\hat{p}_i$	$n_i - n\hat{p}_i$	$(n_i - n\hat{p}_i)^2$	$\dfrac{(n_i - n\hat{p}_i)^2}{n\hat{p}_i}$
1	8	0.149 2	7.46	0.54	0.291 6	0.039 09
2	10	0.214 0	10.7	−0.7	0.49	0.045 79
3	16	0.273 6	13.68	2.32	5.382 4	0.393 45
4	8	0.214 0	10.7	−2.7	7.29	0.681 3
5	8	0.149 2	7.46	0.54	0.291 6	0.039 09
总和	50	1	50	0	13.745 6	1.198 72

即 $\chi^2 = 1.198\,72$,对于 $\alpha = 0.05$,查 χ^2 分布表得临界值 $\chi_\alpha^2(2) = \chi_{0.05}^2(2) = 5.991$. 因为 $\chi^2 = 1.198\,72 < 5.991 = \chi_{0.05}^2(2)$,故接受 H_0,即认为滚珠直径服从正态分布 $N(15.1, 0.183\,8)$.

16. 设 $A_i = \left(\dfrac{i-1}{2}, \dfrac{i}{2}\right)$ $(i=1,2,3)$, $A_4 = \left(\dfrac{3}{2}, 2\right)$,假设随机变量 X 在 $(0,2)$ 上是均匀分布的,今对 X 进行 100 次独立观察,发现其值落入 $A_i (i=1,2,3,4)$ 的频数分别为 30,20,36,14. 问均匀分布的假设在显著性水平 0.05 下是否可信?

解 检验假设:$H_0: X \sim U(0,2)$. 检验计算如下:

i	n_i	p_i	np_i	$n_i - np_i$	$\dfrac{(n_i - np_i)^2}{np_i}$
1	30	$\dfrac{1}{4}$	25	5	1
2	20	$\dfrac{1}{4}$	25	−5	1
3	36	$\dfrac{1}{4}$	25	11	4.84
4	14	$\dfrac{1}{4}$	25	−11	4.84
总和	100	1	100	0	11.68

统计量

$$\chi^2 = \sum_{i=1}^{4} \frac{(n_i - np_i)^2}{np_i} = 11.68, \quad \chi^2 \sim \chi^2(4-1).$$

对于 $\alpha = 0.05$，查 χ^2 分布表得临界值 $\chi^2_{0.05}(3) = 7.815$. 因为

$$\chi^2 = 11.68 > 7.815 = \chi^2_{0.05}(3),$$

所以拒绝 H_0，即不能认为 $X \sim U(0,2)$.

典型例题讲解

*第 9 章 单因素试验的方差分析及一元正态回归分析

习 题 9

1. 一批由同样原料织成的布,用 5 种不同的染整工艺处理,然后进行缩水率试验. 设每种工艺处理 4 块布样,测得缩水率(单位:%)的结果如下所示:

布样号	染整工艺				
	A_1	A_2	A_3	A_4	A_5
1	4.3	6.1	6.5	9.3	9.5
2	7.8	7.3	8.3	8.7	8.8
3	3.2	4.2	8.6	7.2	11.4
4	6.5	4.1	8.2	10.1	7.8

问不同的工艺对布的缩水率是否有显著影响($\alpha = 0.01$)?

解 $m = 5, n_1 = n_2 = n_3 = n_4 = n_5 = 4, n = 20$,查 F 分布表得 $F_{0.01}(m-1, n-m) = F_{0.01}(4, 15) = 4.89$. 计算 $\sum_{j=1}^{n_i} x_{ij}, \left(\sum_{j=1}^{n_i} x_{ij}\right)^2, \frac{1}{n_i}\left(\sum_{j=1}^{n_i} x_{ij}\right)^2, \sum_{j=1}^{n_i} x_{ij}^2, i = 1, 2, 3, 4, 5$,如下所示:

i	1	2	3	4	5	总和
$\sum_{j=1}^{n_i} x_{ij}$	21.8	21.7	31.6	35.3	37.5	147.9
$\left(\sum_{j=1}^{n_i} x_{ij}\right)^2$	475.24	470.89	998.56	1 246.09	1 406.25	4 597.03
$\frac{1}{n_i}\left(\sum_{j=1}^{n_i} x_{ij}\right)^2$	118.81	117.72	249.64	311.52	351.56	1 149.25
$\sum_{j=1}^{n_i} x_{ij}^2$	131.82	124.95	252.34	316.03	358.49	1 183.63

计算可得
$$P = \frac{1}{20} \times (147.9)^2 = 1\,093.72, Q = 1\,149.25, R = 1\,183.63,$$
$$S_e = R - Q = 34.38,$$
$$S_A = Q - P = 55.53,$$
$$S = R - P = 89.91.$$

方差分析表如下所示：

方差来源	平方和	自由度	均方	F值
工艺	55.53	4	13.8825	6.057
误差	34.38	15	2.292	
总和	89.91	19		

因为 6.057>4.89，所以工艺对缩水率有显著影响.

2. 灯泡厂用 4 种不同配料方案制成的灯丝生产了 4 批灯泡，今从中分别抽样进行使用寿命（单位：h）的试验，试验结果如下所示：

试验号	配料方案			
	A_1	A_2	A_3	A_4
1	1 600	1 850	1 460	1 510
2	1 610	1 640	1 550	1 520
3	1 650	1 640	1 600	1 530
4	1 680	1 700	1 620	1 570
5	1 700	1 750	1 640	1 600
6	1 720	—	1 660	1 680
7	1 800	—	1 740	—
8	—	—	1 820	—

问这几种配料方案对使用寿命有无显著影响（$\alpha = 0.01$）？

解 $m=4, n_1=7, n_2=5, n_3=8, n_4=6, n=26$，查 F 分布表得 $F_{0.01}(m-1, n-m) = F_{0.01}(3, 22) = 4.82$.

为简化计算试验结果都减去 1 600 再除以 10，并计算 $\sum_{j=1}^{n_i} x_{ij}, \left(\sum_{j=1}^{n_i} x_{ij}\right)^2, \frac{1}{n_i}\left(\sum_{j=1}^{n_i} x_{ij}\right)^2, \sum_{j=1}^{n_i} x_{ij}^2, i=1,2,3,4$，如下所示：

$$P = \frac{1}{26}(124)^2 = 591.385, Q = 1\,286.092, R = 2\,940,$$
$$S_e' = R - Q = 1\,653.908, S_e = \frac{1}{100}S_e' = 16.539,$$
$$S_A' = Q - P = 694.707, S_A = \frac{1}{100}S_A' = 6.947.$$

序号	配料方案				总和
	A_1	A_2	A_3	A_4	
1	0	25	−14	−9	
2	1	4	−5	−8	
3	5	4	0	−7	
4	8	10	2	−3	
5	10	15	4	0	
6	12		6	8	
7	20		14		
8			22		
$\sum_{j=1}^{n_i} x_{ij}$	56	58	29	−19	124
$\left(\sum_{j=1}^{n_i} x_{ij}\right)^2$	3 136	3 364	841	361	7 702
$\frac{1}{n_i}\left(\sum_{j=1}^{n_i} x_{ij}\right)^2$	448	672.8	105.125	60.167	1 286.092
$\sum_{j=1}^{n} x_{ij}^2$	734	982	957	267	2 940

方差分析表如下所示：

方差来源	平方和	自由度	均方	F 值
配料	6.947	3	2.316	3.080
误差	16.539	22	0.752	
总和	23.486	25		

因为 $F = 3.080 < 4.82 = F_{0.01}(3,22)$，故不显著.

3. 在主教材单因素试验方差分析模型式(9.2)中，μ_i 是未知参数 $(i=1,2,\cdots,m)$，求 μ_i 的点估计和区间估计.

解 因为 $X_i \sim N(\mu_i, \sigma^2)$，所以 μ_i 的点估计为 $\hat{\mu}_i = \overline{X}_i.$，$i=1,2,\cdots,m$.

由定理9.1.1知 $\dfrac{S_e}{\sigma^2} \sim \chi^2(n-m)$，再由主教材中定理6.4.2知 $\overline{X}_i.$ 与 $S_i^2 = \dfrac{1}{n_i-1}\sum_{j=1}^{n_i}(X_{ij}-\overline{X}_i.)^2$ 相互独立，又由 X_{ij} 独立，知 $\overline{X}_i.$ 与 $S_1^2, S_2^2, \cdots, S_m^2$ 相互独立，从而 $S_e = \sum_{i=1}^{m}(n_i-1)S_i^2$ 与 $\overline{X}_i.$ 相互独立. 又

$$\frac{(\overline{X}_i. - \mu_i)\sqrt{n_i}}{\sigma} \sim N(0,1),$$

由 t 分布的定义知

$$\frac{(\overline{X}_{i\cdot}-\mu_i)\sqrt{n_i}}{\sqrt{\overline{S}_e}} \sim t(n-m),$$

其中 $\overline{S}_e = \dfrac{S_e}{n-m}$.

对于给定的 α，查 t 分布表，求出临界值 $t_{\frac{\alpha}{2}}(n-m)$，使

$$P\left(\left|\frac{\overline{X}_{i\cdot}-\mu_i}{\sqrt{\overline{S}_e}}\sqrt{n_i}\right| < t_{\frac{\alpha}{2}}(n-m)\right) = 1-\alpha.$$

在上式括号内将 μ_i 求解出来得 μ_i 的置信水平为 $1-\alpha$ 的置信区间为

$$\left(\overline{X}_{i\cdot} - t_{\frac{\alpha}{2}}(n-m)\sqrt{\frac{\overline{S}_e}{n_i}},\quad \overline{X}_{i\cdot} + t_{\frac{\alpha}{2}}(n-m)\sqrt{\frac{\overline{S}_e}{n_i}}\right).$$

4. 在主教材单因素试验方差分析模型式 (9.2) 中，σ^2 是未知参数，试证：$\hat{\sigma}^2 = \dfrac{S_e}{n-m}$ 是 σ^2 的无偏估计，且 σ^2 的置信水平为 $1-\alpha$ 的置信区间为

$$\left(\frac{S_e}{\chi^2_{\frac{\alpha}{2}}(n-m)},\quad \frac{S_e}{\chi^2_{1-\frac{\alpha}{2}}(n-m)}\right).$$

证 因为 $\dfrac{S_e}{\sigma^2} \sim \chi^2(n-m)$，所以 $E\left(\dfrac{S_e}{\sigma^2}\right) = n-m$，即

$$E(S_e) = (n-m)\sigma^2,$$

于是

$$E\left(\frac{S_e}{n-m}\right) = \frac{1}{n-m}E(S_e) = \sigma^2,$$

故 $\dfrac{S_e}{n-m}$ 是 σ^2 的无偏估计；

因为 $\dfrac{S_e}{\sigma^2} \sim \chi^2(n-m)$，所以对于给定的 α，查 χ^2 分布表，求出临界值 $\chi^2_{\frac{\alpha}{2}}(n-m)$ 和 $\chi^2_{1-\frac{\alpha}{2}}(n-m)$ 使得

$$P\left(\chi^2_{1-\frac{\alpha}{2}}(n-m) < \frac{S_e}{\sigma^2} < \chi^2_{\frac{\alpha}{2}}(n-m)\right) = 1-\alpha.$$

将 σ^2 求解出来得

$$P\left(\frac{S_e}{\chi^2_{\frac{\alpha}{2}}(n-m)} < \sigma^2 < \frac{S_e}{\chi^2_{1-\frac{\alpha}{2}}(n-m)}\right) = 1-\alpha.$$

故 σ^2 的置信水平为 $1-\alpha$ 的置信区间为

$$\left(\frac{S_e}{\chi^2_{\frac{\alpha}{2}}(n-m)},\quad \frac{S_e}{\chi^2_{1-\frac{\alpha}{2}}(n-m)}\right).$$

5. 验证：主教材中式 (9.24) 的解 $\hat{a}, \hat{b}$ 能使 $Q(a,b) = \sum\limits_{i=1}^{n}(y_i - a - bx_i)^2$ 达到最小值.

证 $\hat{a}, \hat{b}$ 是函数 $Q(a,b) = \sum_{i=1}^{n}(y_i - a - bx_i)^2$ 的驻点,而

$$A = \frac{\partial^2 Q}{\partial a^2} = 2n, \quad B = \frac{\partial^2 Q}{\partial a \partial b} = 2\sum_{i=1}^{n} X_i, \quad C = \frac{\partial^2 Q}{\partial b^2} = 2\sum_{i=1}^{n} X_i^2,$$

$$\Delta = AC - B^2 = 4\left[n\sum_{i=1}^{n} X_i^2 - \left(\sum_{i=1}^{n} X_i\right)^2\right],$$

由柯西不等式知 $\Delta > 0$,而 $A > 0, C > 0$,所以 $(\hat{a}, \hat{b})$ 是 $Q(a,b)$ 的极小值点,而 $Q(a,b)$ 存在最小值,故 $\hat{a}, \hat{b}$ 能使 $Q(a,b)$ 达到最小值.

6. 利用主教材中定理 9.2.1 证明:在假设 $H_0: b=0$ 成立的条件下,统计量

$$t = \frac{\hat{b}}{S}\sqrt{L_{xx}} \sim t(n-2).$$

并利用它检验例 9.2.1 所得回归方程的显著性($\alpha = 0.01$).

证 因为 $\hat{b} \sim N\left(b, \frac{\sigma^2}{L_{xx}}\right)$,所以 $\frac{\hat{b}-b}{\sigma}\sqrt{L_{xx}} \sim N(0,1)$. 在 $H_0: b=0$ 成立的条件下 $\frac{\hat{b}}{\sigma}\sqrt{L_{xx}} \sim N(0,1)$,又

$$\frac{(n-2)S^2}{\sigma^2} \sim \chi^2(n-2),$$

由 t 分布的定义知

$$t = \frac{\hat{b}}{S}\sqrt{L_{xx}} = \frac{\frac{\hat{b}}{\sigma}\sqrt{L_{xx}}}{\sqrt{\frac{(n-2)S^2}{\sigma^2}/(n-2)}} \sim t(n-2).$$

利用 t 统计量检验回归方程的显著性

$$t = \frac{\hat{b}}{S}\sqrt{L_{xx}} = \frac{27.156}{\sqrt{118.734}}\sqrt{6.056} = 6.133.$$

对于给定的 $\alpha = 0.01$,查 t 分布表,得临界值 $t_{0.005}(10) = 3.1693$. 因为 $t = 6.133 > 3.1693 = t_{0.005}(10)$,所以回归方程显著.

7. 利用主教材中定理 9.2.1 证明:回归系数 b 的置信水平为 $1-\alpha$ 的置信区间为

$$\left(\hat{b} - t_{\frac{\alpha}{2}}(n-2)\frac{S}{\sqrt{L_{xx}}}, \quad \hat{b} + t_{\frac{\alpha}{2}}(n-2)\frac{S}{\sqrt{L_{xx}}}\right).$$

并利用这个公式求主教材中例 9.2.1 的回归系数 b 的置信区间(置信水平为 0.95).

解 由定理 9.2.1 知

$$t = \frac{\hat{b}-b}{S}\sqrt{L_{xx}} \sim t(n-2).$$

对于给定的 α,查 t 分布表,求出临界值 $t_{\frac{\alpha}{2}}(n-2)$,使得

$$P\left(-t_{\frac{\alpha}{2}}(n-2) < \frac{\hat{b}-b}{S}\sqrt{L_{xx}} < t_{\frac{\alpha}{2}}(n-2)\right) = 1-\alpha.$$

在上式的大括号内,将 b 解出来得

$$P\left(\hat{b}-t_{\frac{\alpha}{2}}(n-2)\frac{S}{\sqrt{L_{xx}}}<b<\hat{b}+t_{\frac{\alpha}{2}}(n-2)\frac{S}{\sqrt{L_{xx}}}\right)=1-\alpha,$$

故 b 的置信水平为 $1-\alpha$ 的置信区间为

$$\left(\hat{b}-t_{\frac{\alpha}{2}}(n-2)\frac{S}{\sqrt{L_{xx}}},\quad \hat{b}+t_{\frac{\alpha}{2}}(n-2)\frac{S}{\sqrt{L_{xx}}}\right).$$

在例 9.2.1 中

$$\hat{b}=27.156\quad n=12, s=10.897, l_{xx}=6.056, t_{0.025}(10)=2.2281,$$

所以 b 的置信水平为 0.95 的置信区间为 (17.29, 37.02).

8. 在钢线碳含量 x(单位:%)对于电阻 y(20 ℃时,mΩ)的效应的研究中,得到以下的数据:

x	0.01	0.30	0.40	0.55	0.70	0.80	0.95
y	15	18	19	21	22.6	23.8	26

设对于给定的 x, y 为正态随机变量,且方差与 x 无关.

(1) 求线性回归方程 $\hat{y}=\hat{a}+\hat{b}x$;
(2) 检验回归方程的显著性;
(3) 求 b 的置信区间(置信水平为 0.95);
(4) 求 y 在 $x=0.50$ 处的置信水平为 0.95 的预测区间.

解 计算如下:

序号	x	y	x^2	y^2	xy
1	0.10	15	0.01	225	1.5
2	0.30	18	0.09	324	5.4
3	0.40	19	0.16	361	7.6
4	0.55	21	0.3025	441	11.55
5	0.70	22.6	0.49	510.76	15.82
6	0.80	23.8	0.64	566.44	19.04
7	0.95	26	0.9025	676	24.7
总和	3.8	145.4	2.595	3104.2	85.61
平均	0.543	20.77			

$\bar{x}=0.543$, $\bar{y}=20.77$,

$$l_{xx}=\sum_{i=1}^{7}x_i^2-7\bar{x}^2=2.595-2.064=0.531,$$

$$l_{yy}=\sum_{i=1}^{7}y_i^2-7\bar{y}^2=3104.2-3019.75=84.45,$$

$$l_{xy}=\sum_{i=1}^{7}x_iy_i-7\bar{x}\bar{y}=85.61-78.947=6.663.$$

(1) $\hat{b} = \dfrac{l_{xy}}{l_{xx}} = 12.55$, $\hat{a} = \bar{y} - \hat{b}\bar{x} = 13.96$, 所以回归方程为

$$\hat{y} = 13.96 + 12.55x.$$

(2) 我们用方差分析表来检验回归方程的显著性：

方差来源	平方和	自由度	均方	F 值
回归	$U = 83.62$	1	$\bar{U} = 83.62$	$\dfrac{\bar{U}}{\bar{Q}} = 503.735$
剩余	$Q = 0.83$	5	$\bar{Q} = 0.166$	
总和	$l_{yy} = 84.45$	6		

其中

$$U = \hat{b}L_{xy}, \quad Q = L_{yy} - U, \quad \bar{Q} = \dfrac{Q}{n-2}.$$

查 F 分布表，求出临界值 $F_{0.01}(1,5) = 16.26$. 因为

$$F = 503.735 > 16.26 = F_{0.01}(1,5),$$

所以回归方程高度显著.

(3) 由习题 9 的第 7 题知, b 的置信水平为 $1-\alpha$ 的置信区间为

$$\left(\hat{b} - t_{\frac{\alpha}{2}}(n-2)\dfrac{S}{\sqrt{L_{xx}}}, \quad \hat{b} + t_{\frac{\alpha}{2}}(n-2)\dfrac{S}{\sqrt{L_{xx}}}\right),$$

此处

$$\hat{b} = 12.55, n = 7, \alpha = 0.05, t_{0.025}(5) = 2.5706,$$

$$s^2 = \dfrac{l_{yy} - \hat{b}l_{xy}}{n-2} = 0.166,$$

所以 b 的置信水平为 0.95 的置信区间为 $(11.113, 13.987)$.

(4) $n = 7, \bar{x} = 0.543, l_{xx} = 0.531, s = 0.407, t_{0.025}(5) = 2.5706, x_0 = 0.50.$

$$\delta(x_0) = t_{\frac{\alpha}{2}}(n-1)s\sqrt{1 + \dfrac{1}{n} + \dfrac{(x_0 - \bar{x})^2}{l_{xx}}}$$

$$= 2.5706 \times 0.407 \times \sqrt{1 + \dfrac{1}{7} + \dfrac{(0.5 - 0.543)^2}{0.531}} = 1.12,$$

$$\hat{y}_0 = 13.96 + 12.55 \times 0.5 = 20.235,$$

故 y 在 $x = 0.50$ 处的置信水平为 0.95 的置信区间为

$$(\hat{y}_0 - \delta(0.5), \hat{y}_0 + \delta(0.5)) = (19.115, 21.355).$$

9. 在硝酸钠($NaNO_3$)的溶解度试验中, 在不同温度 t(单位:℃) 下测得溶解于 100 mL 的水中的硝酸钠的质量 Y 的观测值如下所示：

t_i	0	4	10	15	21	29	36	51	68
y_i	66.7	71.0	76.3	80.6	85.7	92.9	99.9	113.6	125.1

从理论知 Y 与 t 满足主教材线性回归模型式(9.20).

(1) 求 Y 对 t 的回归方程;
(2) 检验回归方程的显著性($\alpha = 0.01$);
(3) 求 Y 在 $t = 25$ ℃时的预测区间(置信水平为 0.95).

解 计算如下:

序号	t_i	y_i	t_i^2	y_i^2	$t_i y_i$
1	0	66.7	0	4 448.89	0
2	4	71.0	16	5 041.00	284
3	10	76.3	100	5 821.69	763
4	15	80.6	225	6 496.36	1 209
5	21	85.7	441	7 344.49	1 799.7
6	29	92.9	841	8 630.41	2 694.1
7	36	99.9	1 296	9 980.01	3 596.4
8	51	113.6	2 601	12 904.96	5 793.6
9	68	125.1	4 624	15 650.01	8 506.8
总和	234	811.8	10 144	76 317.82	24 646.6

$$\bar{t} = 26, \quad \bar{y} = 90.2.$$

$$l_{tt} = \sum_{i=1}^{9} t_i^2 - 9\bar{t}^2 = 10\,144 - 6\,084 = 4\,060,$$

$$l_{ty} = \sum_{i=1}^{9} t_i y_i - 9\bar{t}\bar{y} = 24\,646.6 - 21\,106.8 = 3\,539.8,$$

$$l_{yy} = \sum_{i=1}^{9} y_i^2 - 9\bar{y}^2 = 76\,317.82 - 73\,224.36 = 3\,093.46,$$

$$\hat{b} = \frac{l_{ty}}{l_{tt}} = 0.871\,87, \qquad \hat{a} = \bar{y} - \hat{b}\bar{t} = 67.531\,3,$$

$$s^2 = \frac{l_{yy} - \hat{b} l_{ty}}{7} = 1.030\,7, \qquad s = 1.015\,2.$$

(1) Y 对 t 的回归方程为

$$\hat{y} = 67.531\,3 + 0.871\,87 t.$$

(2) 方差分析表如下所示:

方差来源	平方和	自由度	均方	F 值
回归	3 086.25	1	3 086.25	$\dfrac{3\,086.25}{1.03}=2\,996.36$
剩余	7.21	7	1.03	
总和	3 093.46	8		

查 F 分布表,求出临界值 $F_{0.01}(1,7)=12.25$. 因为 $F=2\,996.36\gg12.25=F_{0.01}(1,7)$,故方程高度显著.

(3) $\hat{y}_0=67.531\,3+0.871\,87\times25=89.328\,1.$

$$\delta(25)=t_{\frac{\alpha}{2}}(n-2)\times s\times\sqrt{1+\frac{1}{n}+\frac{(t_0-\bar{t})^2}{l_{tt}}}$$
$$=2.364\,6\times1.015\,2\times1.05=2.53,$$

Y 在 $t=25\ ℃$ 时的置信水平为 0.95 的预测区间为
$$(\hat{y}_0-\delta(25),\hat{y}_0+\delta(25))=(86.79,91.85).$$

10. 某种合金的抗拉强度 Y 与钢中的含碳量 x 满足主教材中线性回归模型式(9.20). 今实测了 92 组数据 $(x_i,y_i)(i=1,2,\cdots,92)$,并算得
$$\bar{x}=0.125\,5,\bar{y}=45.798\,9,l_{xx}=0.301\,8,l_{yy}=2\,941.033\,9,l_{xy}=26.509\,7.$$
(1) 求 Y 对 x 的回归方程;
(2) 对回归方程作显著性检验 $(\alpha=0.01)$;
(3) 当含碳量 $x=0.09$ 时,求 Y 的置信水平为 0.95 的预测区间;
(4) 若要控制抗拉强度以 0.95 的概率落在 $(38,52)$ 中,那么含碳量 x 应控制在什么范围内?

解 (1) $\hat{b}=\dfrac{l_{xy}}{l_{xx}}=87.838\,6,\qquad \hat{a}=\bar{y}-\hat{b}\bar{x}=34.775\,2,$

所以回归方程为
$$\hat{y}=34.775\,2+87.838\,6x.$$

(2) $U=\hat{b}l_{xy}=2\,328.575,Q=l_{yy}-U=612.458\,9.$

方差分析表如下所示:

方差来源	平方和	自由度	均方	F 值
回归	2 328.575	1	2 328.575	$\dfrac{2\,328.575}{6.805\,1}=342.180\,9$
剩余	612.458 9	90	6.805 1	
总和	2 941.033 9	91		

查 F 分布表,求出临界值 $F_{0.01}(1,90)=6.85$. 因为 $F=342.180\,9>6.85=F_{0.01}(1,90)$,故方程高度显著.

(3) $\hat{y}_0=34.775\,2+87.838\,6\times0.09=42.681.$

因为 $n=92$ 是很大的,x_0 又接近 $\bar{x}$,所以取
$$\delta(0.09)=1.96\times s=1.96\times\sqrt{6.805}=5.113.$$

故当 $x=0.09$ 时，Y 的置信水平为 0.95 的置信区间为 $(37.568, 47.794)$;

(4) 由 $38=34.7752-1.96\times s+87.8386x$，得到 $x'=0.09492$;

由 $52=34.775+1.96\times s+87.8386x$，得到 $x''=0.1379$.

于是 x 的控制范围为 $(0.09492, 0.1379)$.

11. 电容器充电，电压达到 100 V 后开始放电. 设在 t_i 时刻电压 U 的观测值为 u_i，具体数据如下所示：

t_i	0	1	2	3	4	5	6	7	8	9	10
u_i	100	75	55	40	30	20	15	10	10	5	5

(1) 画出散点图；

(2) 用指数曲线模型 $U=ae^{bt}$ 来拟合 U 与 t 的关系，求 a,b 的估计值.

解 (1) 散点图如图 9.1 所示.

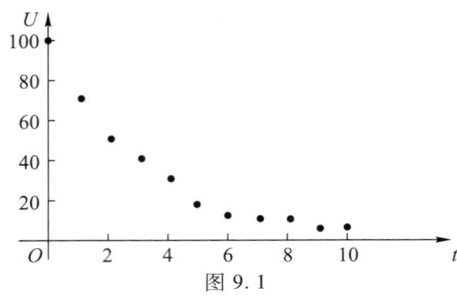

图 9.1

(2) 对 $U=ae^{bt}$ 两边取对数得

$$\ln U = \ln a + bt.$$

令

$$y=\ln U, \quad A=\ln a,$$

得线性模型

$$y=A+bt.$$

计算 $y_i, t_i^2, y_i^2, t_i y_i, i=1,2,\cdots,11$，如下所示：

序号	t_i	y_i	t_i^2	y_i^2	$t_i y_i$
1	0	4.605	0	21.208	0
2	1	4.317	1	18.641	4.317
3	2	4.007	4	16.059	8.014
4	3	3.689	9	13.608	11.067
5	4	3.401	16	11.568	13.604
6	5	2.996	25	8.974	14.98
7	6	2.708	36	7.334	16.248
8	7	2.303	49	5.302	16.121
9	8	2.303	64	5.302	18.424
10	9	1.609	81	2.590	14.481
11	10	1.609	100	2.590	16.09
总和	55	33.547	385	113.176	133.346

经计算可得

$$\bar{t} = 5, \quad \bar{y} = 3.05,$$
$$l_{tt} = 385 - 11 \times 5^2 = 110,$$
$$l_{ty} = 133.346 - 11 \times 5 \times 3.05 = -34.404,$$
$$l_{yy} = 113.176 - 11 \times 3.05^2 = 10.8485,$$
$$\hat{b} = -\frac{34.404}{110} = -0.3128, \quad \hat{A} = 3.05 + 1.564 = 4.614,$$

故 $\hat{a} = e^{\hat{A}} = 100.887$, 即 a, b 的估计值分别为 $\hat{a} = 100.887, \hat{b} = -0.3128$.

12. 用 4 种催眠药在兔子身上进行试验,特选 24 只健康的兔子,随机把它们均分为 4 组,每组各服一种催眠药,催眠时间(单位:h)如下所示:

试验号	催眠药			
	A_1	A_2	A_3	A_4
1	6.2	6.3	6.8	5.4
2	6.1	6.5	7.1	6.4
3	6.0	6.7	6.6	6.2
4	6.3	6.6	6.8	6.3
5	6.1	7.1	6.9	6.0
6	5.9	6.4	6.6	5.9

在显著性水平 $\alpha = 0.05$ 下对其进行方差分析,可以得到什么结果?

解 $m = 4, n_1 = n_2 = n_3 = n_4 = 6, n = \sum_{i=1}^{4} n_i = 24$,查 F 分布表,得到 $F_{0.05}(m-1, n-m) = F_{0.05}(3, 20) = 3.10$.

为了简化计算,将催眠时间的每个数据都减去 6,再乘 10,所得数据如下所示:

A'_1	A'_2	A'_3	A'_4
2	3	8	-6
1	5	11	4
0	7	6	2
3	6	8	3
1	11	9	0
-1	4	6	-1

由主教材中式(9.16)算得

$$P = 352.667, Q = 606.667, R = 740.$$

代入主教材中式(9.17)得

$$S'_e = 133.333, S'_A = 254,$$

于是
$$\overline{S}_e = \frac{S'_e}{n-m} = \frac{133.333}{20} = 6.667,$$

$$\overline{S}_A = \frac{S'_A}{m-1} = \frac{254}{3} = 84.667,$$

$$F = \frac{\overline{S}_A}{\overline{S}_e} = 12.699.$$

方差分析表如下所示：

方差来源	平方和	自由度	均方	F 值
催眠药	254	3	84.667	12.699
误差	133.333	20	6.667	
总和	387.333	23		

因为 $F = 12.699 > F_{0.05}(3,20) = 3.10$，故拒绝 H_0，即认为 4 种催眠药有显著差异.

13. 对 6 种不同的农药在相同的条件下分别进行杀虫试验，试验结果如下所示：

单位：%

杀虫率	农药 1	农药 2	农药 3	农药 4	农药 5	农药 6
试验 1	87	90	56	55	92	75
试验 2	85	88	62	48	99	72
试验 3	80	87	65		95	81
试验 4		94			91	

问在显著性水平 $\alpha = 0.05$ 下杀虫率是否因农药的不同而呈现显著差异？

解 $m = 6, n_1 = 3, n_2 = 4, n_3 = 3, n_4 = 2, n_5 = 4, n_6 = 3, n = 19.$ 查 F 分布表，得 $F_{0.05}(m-1, n-m) = F_{0.05}(5,13) = 3.03.$ 由主教材中式(9.16)算得

$$P = 118\,737.1, \quad Q = 122\,716, \quad R = 122\,918.$$

代入主教材中式(9.17)得

$$S_e = 202, \quad S_A = 3\,978.947.$$

于是

$$\overline{S}_e = \frac{S_e}{n-m} = 15.538\,5, \quad \overline{S}_A = \frac{S_A}{m-1} = 795.789\,5,$$

$$F = \frac{\overline{S}_A}{\overline{S}_e} = 51.214\,2,$$

因为 $F = 51.214\,2 > F_{0.05}(5,13) = 3.03$，故拒绝 H_0，即认为因农药不同杀虫率有显著差异. 方差分析表如下所示：

方差来源	平方和	自由度	均方	F 值
农药	3 978.947	5	795.789 5	51.214 2
误差	202	13	15.538 5	
总和	4 180.947	18		

14. 抽查某校 4 个学院不同班级本科生的概率论与数理统计课程平均成绩,数据如下所示:

试验号	学院 1	学院 2	学院 3	学院 4
1	73.43	83.38	88.45	90.67
2	74.58	84.26	84.08	90.42
3	81.52	82.91	86.33	90.05
4	86.00	85.00	80.53	88.57
5	77.75	86.12	85.75	89.55
6	88.04			88.80
7				89.65

在显著性水平 $\alpha=0.05$ 下分析该校 4 个学院本科生的概率论与数理统计课程平均成绩有无显著差异.

解 $m=4, n_1=6, n_2=5, n_3=5, n_4=7, n=23.$

查 F 分布表,得 $F_{0.05}(m-1, n-m) = F_{0.05}(3,19) = 3.13.$

为了简化计算,将每个数据都减去 85,再乘 100,所得结果如下所示:

A_1	A_2	A_3	A_4
−1 157	−162	345	567
−1 042	−74	−92	542
−348	−209	133	505
100	0	−447	357
−725	112	75	455
304			380
			465

由主教材中式(9.16)算得
$$P = 306.783, Q = 2\,921\,612.571, R = 5\,177\,492.$$

代入主教材中式(9.17)得
$$S'_e = 2\,255\,879.429, S'_A = 2\,921\,305.789.$$

于是
$$\overline{S}_e = \frac{S'_e}{n-m} = 118\,730.496,$$
$$\overline{S}_A = \frac{S'_A}{m-1} = 973\,768.596,$$
$$F = \frac{\overline{S}_A}{\overline{S}_e} = 8.202.$$

方差分析表如下所示：

方差来源	平方和	自由度	均方	F 值
学院	2 921 305.789	3	973 768.596	8.202
误差	2 255 879.429	19	118 730.496	
总和	5 177 185.217	22		

因为 $F = 8.202 > F_{0.05}(3,19) = 3.13$，故拒绝 H_0，即认为各学院的平均成绩有显著差异.

15. 在产品推销上有 5 种方法，某公司想比较这些方法有无显著性差异，设计试验：从应聘且无推销经验人员中随机挑选一部分人. 随机分为 5 组，每组用一种推销方法进行培训，培训相同时间后观察他在一个月内的推销额（单位：万元），数据如下所示：

试验号	第一组	第二组	第三组	第四组	第五组
1	20.0	24.9	20.8	18.4	29.7
2	16.8	21.3	26.8	17.7	29.3
3	17.9	30.2	22.0	18.2	26.2
4	21.2	29.9	17.3	16.5	28.2
5	23.9	22.6	16.0	19.1	25.2
6	26.8	20.7	20.9	20.2	30.4
7	22.4	22.5	20.1	17.5	26.9

在显著性水平 $\alpha = 0.05$ 下，分析这 5 种方法对平均月推销额的影响有无显著差异.

解 $m = 5$，$n_1 = n_2 = n_3 = n_4 = n_5 = 7$，$n = 35$.

查 F 分布表，得 $F_{0.05}(m-1, n-m) = F_{0.05}(4,30) = 2.69$.

为了简化计算，将每个数都减去 20，再乘 10，所得数据如下所示：

A_1	A_2	A_3	A_4	A_5
0	49	8	−16	97
−32	13	68	−23	93
−21	102	20	−18	62
12	99	−27	−35	82
39	26	−40	−9	52
68	7	9	2	104
24	25	1	−25	69

由主教材中式(9.16)算得

$$P = 22\ 377.857, \quad Q = 62\ 931.286 \quad R = 89\ 905.$$

代入主教材中式(9.17)得

$$S'_e = 26\ 973.714, \quad S'_A = 40\ 553.429.$$

于是
$$\overline{S}_e = \frac{S'_e}{n-m} = 899.124,$$

$$\overline{S}_A = \frac{S'_A}{m-1} = 10\ 138.357,$$

$$F = \frac{\overline{S}_A}{\overline{S}_e} = 11.276.$$

方差分析表如下所示

方差来源	平方和	自由度	均方	F 值
推销方法	40 553.429	4	10 138.357	11.276
误差	26 973.714	30	899.124	
总和	67 527.143	34		

因为 $F = 11.276 > F_{0.05}(4, 30) = 2.69$,故拒绝 H_0,即认为 5 种推销方法对平均月推销额的影响有显著差异.

16. 为研究某一化学反应过程中,温度 x(单位:℃)对产品得率 Y(单位:%)的影响,测得数据如下所示:

x	100	110	120	130	140	150	160	170	180	190
y	45	51	54	61	66	70	74	78	85	89

(1) 求 Y 对 x 的回归方程;
(2) 检验回归方程的显著性($\alpha = 0.05$);
(3) 求 Y 在 $x = 125$ 时的预测区间(置信水平为 0.95).

解 $n = 10$, $\sum_{i=1}^{n} x_i = 1\ 450$, $\sum_{i=1}^{m} y_i = 673$,

$$\sum_{i=1}^{n} x_i^2 = 218\ 500, \quad \sum_{i=1}^{n} y_i^2 = 47\ 225, \quad \sum_{i=1}^{n} x_i y_i = 101\ 570.$$

则
$$\bar{x} = \frac{1\ 450}{10} = 145, \quad \bar{y} = \frac{673}{10} = 67.3,$$

$$l_{xx} = \sum_{i=1}^{n} x_i^2 - n\bar{x}^2 = 8\ 250, \quad l_{yy} = \sum_{i=1}^{n} y_i^2 - n\bar{y}^2 = 1\ 932.1,$$

$$l_{xy} = \sum_{i=1}^{n} x_i y_i - n\bar{x}\bar{y} = 3\ 985,$$

$$\hat{b} = \frac{l_{xy}}{l_{xx}} = 0.483\ 03, \quad \hat{a} = \bar{y} - \hat{b}\bar{x} = -2.739\ 35.$$

(1) Y 对 x 的回归直线方程为
$$\hat{y} = -2.739\ 35 + 0.483\ 03x.$$

（2）
$$U = \hat{b} l_{xy} = 1\,924.87,$$
$$Q = l_{yy} - \hat{b} l_{xy} = 7.23.$$

列方差分析表如下：

方差来源	平方和	自由度	均方	F 值
回归	1 924.87	1	1 924.87	2 129.87
剩余	7.23	8	0.90	
总和	1 932.1	9		

查 F 分布表，得 $F_{0.05}(1,8) = 5.32$，由于 $2\,129.87 > 5.32$，故回归方程高度显著．

（3）
$$s^2 = \frac{Q}{n-2} = 0.90, \quad s = 0.949, \quad x_0 = 125,$$

从而
$$\hat{y}_0 = -2.739\,35 + 0.483\,03 \times 125 = 57.64.$$

查 t 分布表得 $t_{0.025}(8) = 2.306\,0$，于是由主教材中式（9.45）得

$$\delta(125) = 2.306\,0 \times 0.949 \sqrt{1 + \frac{1}{10} + \frac{(125-145)^2}{8\,250}} = 2.35.$$

故由主教材中式（9.46），当 $x_0 = 125$ 时，y_0 的一个预测区间为 $(57.64 - 2.35, 57.64 + 2.35) = (55.29, 59.99)$．

17. 为考察某种维尼纶纤维的耐水性能，测得其甲醇浓度 x 及相应的"缩醇化度" y 的数据如下所示：

x	18	20	22	24	26	28	30
y	26.86	28.35	28.75	28.87	29.75	30.00	30.36

（1）求 y 对 x 的回归方程；
（2）检验回归方程的显著性（$\alpha = 0.01$）．

解
$$n = 7, \quad \sum_{i=1}^{n} x_i = 168, \quad \sum_{i=1}^{n} y_i = 202.94,$$
$$\sum_{i=1}^{n} x_i^2 = 4\,144, \quad \sum_{i=1}^{n} y_i^2 = 5\,892.013\,6, \quad \sum_{i=1}^{n} x_i y_i = 4\,900.16.$$

则
$$\bar{x} = \frac{168}{7} = 24, \quad \bar{y} = \frac{202.94}{7} = 28.991,$$

$$l_{xx} = \sum_{i=1}^{n} x_i^2 - n\bar{x}^2 = 112, \quad l_{yy} = \sum_{i=1}^{n} y_i^2 - n\bar{y}^2 = 8.667,$$

$$l_{xy} = \sum_{i=1}^{n} x_i y_i - n\bar{x}\bar{y} = 29.672,$$

$$\hat{b} = \frac{l_{xy}}{l_{xx}} = 0.264\,9,$$

$$\hat{a} = \bar{y} - \hat{b}\bar{x} = 22.633\,4.$$

（1）y 对 x 的回归直线方程为
$$\hat{y} = 22.633\,4 + 0.264\,9x;$$

（2）
$$U = \hat{b}l_{xy} = 7.860,$$
$$Q = l_{yy} - \hat{b}l_{xy} = 0.807.$$

列方差分析表如下：

方差来源	平方和	自由度	均方	F 值
回归	7.860	1	7.860	48.698 9
剩余	0.807	5	0.161 4	
总和	8.667	6		

查 F 分布表，得 $F_{0.01}(1,5) = 16.26$，由于 $48.698\,9 > 16.26$，故回归方程显著.

18. 设营业税税收总额 y 与商品零售总额 x 有关，为了了解两者之间关系，现收集数据（单位：亿元）如下所示：

x	142.08	177.30	204.68	242.68	316.24	341.99	332.69	389.29	453.40
y	3.93	5.96	7.85	9.82	12.50	15.55	15.79	16.39	18.45

（1）求 y 对 x 的回归方程；
（2）检验回归方程的显著性（$\alpha = 0.05$）；
（3）若某年商品零售额为 300 亿元，求营业税税收额的置信水平为 0.95 的预测区间.

解 $n = 9$，$\sum_{i=1}^{n} x_i = 2\,600.35$，$\sum_{i=1}^{n} y_i = 106.24$，

$$\sum_{i=1}^{n} x_i^2 = 837\,175.299\,1, \quad \sum_{i=1}^{n} y_i^2 = 1\,465.432\,6, \quad \sum_{i=1}^{n} x_i y_i = 34\,874.750\,7,$$

则
$$\bar{x} = \frac{2\,600.35}{9} = 288.928, \quad \bar{y} = \frac{106.24}{9} = 11.804,$$

$$l_{xx} = \sum_{i=1}^{n} x_i^2 - n\bar{x}^2 = 85\,860.796,$$

$$l_{yy} = \sum_{i=1}^{n} y_i^2 - n\bar{y}^2 = 211.423,$$

$$l_{xy} = \sum_{i=1}^{n} x_i y_i - n\bar{x}\,\bar{y} = 4\,180.196,$$

$$\hat{b} = \frac{l_{xy}}{l_{xx}} = 0.048\,7,$$

$$\hat{a} = \bar{y} - \hat{b}\bar{x} = -2.267.$$

（1）y 对 x 的回归直线方程为

$$\hat{y} = -2.267 + 0.048\ 7x;$$

（2） $$U = \hat{b}l_{xy} = 203.576, \quad Q = l_{yy} - \hat{b}l_{xy} = 7.847.$$

列方差分析表如下：

方差来源	平方和	自由度	均方	F 值
回归	203.576	1	203.576	181.602
剩余	7.847	7	1.121	
总和	211.423	8		

查 F 分布表，得 $F_{0.05}(1,7) = 5.59$，由于 $181.602 > 5.59$，故回归方程高度显著.

（3） $$s^2 = \frac{Q}{n-2} = 1.121, \quad s = 1.059, \quad x_0 = 300,$$

从而

$$\hat{y}_0 = -2.267 + 0.048\ 7 \times 300 = 12.343.$$

查 t 分布表得 $t_{0.025}(7) = 2.364\ 6$，于是由主教材中式（9.45）得

$$\delta(300) = 2.364\ 6 \times 1.059 \times \sqrt{1 + \frac{1}{9} + \frac{(300-288.928)^2}{85\ 860.796}} = 2.641.$$

故由主教材中式（9.46），当 $x_0 = 300$ 时，y_0 的一个预测区间为 $(12.343 - 2.641, 12.343 + 2.641) = (9.702, 14.984)$.

典型例题讲解

郑重声明

高等教育出版社依法对本书享有专有出版权。任何未经许可的复制、销售行为均违反《中华人民共和国著作权法》,其行为人将承担相应的民事责任和行政责任;构成犯罪的,将被依法追究刑事责任。为了维护市场秩序,保护读者的合法权益,避免读者误用盗版书造成不良后果,我社将配合行政执法部门和司法机关对违法犯罪的单位和个人进行严厉打击。社会各界人士如发现上述侵权行为,希望及时举报,本社将奖励举报有功人员。

反盗版举报电话　(010) 58581999　58582371　58582488
反盗版举报传真　(010) 82086060
反盗版举报邮箱　dd@hep.com.cn
通信地址　北京市西城区德外大街4号
　　　　　高等教育出版社法律事务与版权管理部
邮政编码　100120

防伪查询说明

用户购书后刮开封底防伪涂层,利用手机微信等软件扫描二维码,会跳转至防伪查询网页,获得所购图书详细信息。用户也可将防伪二维码下的20位密码按从左到右、从上到下的顺序发送短信至106695881280,免费查询所购图书真伪。

反盗版短信举报
编辑短信"JB,图书名称,出版社,购买地点"发送至10669588128

防伪客服电话
(010)58582300

数字课程说明

1. 计算机访问http://abook.hep.com.cn/1259525,或手机扫描二维码、下载并安装Abook应用。
2. 注册并登录,进入"我的课程"。
3. 输入封底数字课程账号(20位密码,刮开涂层可见),或通过Abook应用扫描封底数字课程账号二维码,完成课程绑定。
4. 单击"进入课程"按钮,开始本数字课程的学习。

课程绑定后一年为数字课程使用有效期。受硬件限制,部分内容无法在手机端显示,请按提示通过计算机访问学习。

如有使用问题,请发邮件至abook@hep.com.cn。

扫描二维码
下载Abook应用